A.I.
ARTIFICIAL INTELLIGENCE

أكثر ذكاءً منا

صعود ذكاء الآلات

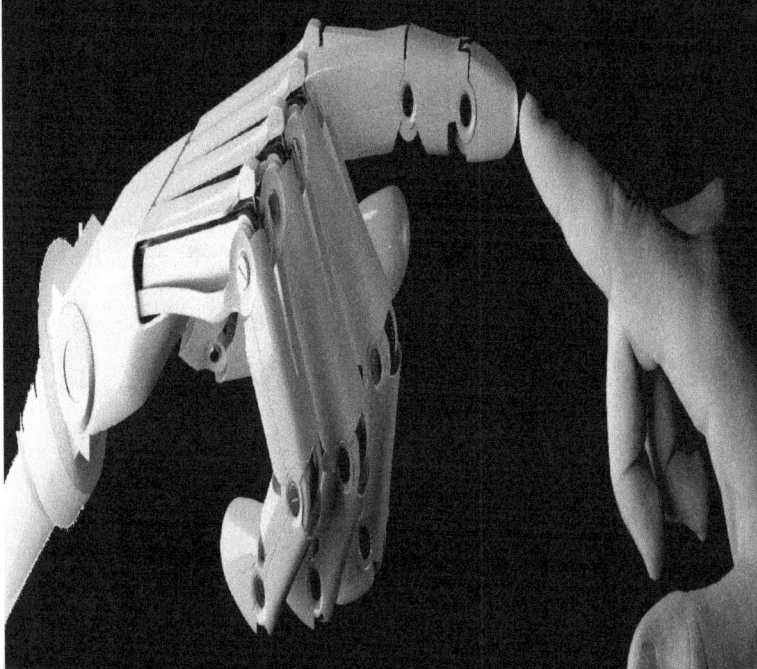

تاليف : ستيوارت آرمسترونغ

ترجمة : مصطفى كيالي

يعتبر ستيوارت آرمسترنغ عضواً باحثاً في معهد مستقبل البشرية. تتركز أبحاثه على نظرية القرار الرسمي، مخاطر وإمكانيات الذكاء الإصطناعي، مستقبل الحياة الذكية وامكانية حدوثها (وصعوبات توقعها) فضلاً عن احتمال وجودها خارج الحدود البشرية.

تأليف: ستيوارت آرمسترنغ

ترجمة وتعليق: مصطفى كيالي

نشر عام 2014

نشرت الترجمة العربية عام 2015

معهد أبحاث الذكاء الآلي.

الولايات المتحدة الأمريكية.

يتقدم معهد ابحاث الذكاء الآلي بالشكر الجزيل للدعم الكبير الذي تلقاه من قبل أولئك الذين ساهموا في نشر هذا الكتاب.

عنوان الكتاب باللغة الإنكليزية:

Smarter than Us:

The Rise of Machine Intelligence

By: Stuart Armstrong

المحتويات:

شُكر:

أود أن أتقدم بالشكر لمساعدة ودعم كل من معهد مستقبل البشرية،
مدرسة أكسفورد مارتن، ومعهد أبحاث الذكاء الإصطناعي بالإضافة
للنصائح الفردية لكل مِن: نيك بوستروم، سين أو أيغيرتاف، إليزير
يودكوسكي، كاج سوتالا، لوك مويلايسير، فينسينت سي مولير،
آندريس ساندبيرغ، ليزا ماكروس، دانيال ديو، أيريك ديكسلير، نيك
نيكستيد، كاسي دوغلاس ومريم، مايا وكيبر آرمسترونغ.

مقدمة المترجم:

يحكى أنه في يوم من الأيام، وفي امبراطورية الصين القديمة، قام أحد مزارعي الامبراطورية باختراع لعبة تعتمد على الذكاء الحدسي والفراغي، وقام بعرض تلك اللعبة على امبراطور الصين الذي اعجب بشدة بهذه اللعبة وقرر مكافأة الرجل على اختراعه لهذه اللعبة الجميلة.

عرض امبراطور الصين على المزارع القصور والجواري والبساتين لقاء اختراعه لعبة الشطرنج، كما عرض عليه اختيار الهدية التي يراها مناسبة. في اليوم التالي، قام المزارع باختيار هدية بسيطة وغريبة في نفس الوقت حيث طلب من الامبراطور ان يوضع له حبة قمح واحدة في المربع الأول في رقعة الشطرنج، حبتي قمح في المربع الثاني، أربع حبات في المربع الثالث، وهلم جراً حتى تغطي حبات القمح كامل المربعات الأربع والستين للرقعة.

نظر الامبراطور باستخفاف لطلب المزارع.. "عرضنا عليه القصور والجواري ورفض هدايانا".

شعر الامبراطور بالامتعاض والاهانة لطلب المزارع .. كم سيكون مجموع حبات القمح؟ هل ستكون كافية لملئ كيس قمح واحد؟ إثنان؟ ثلاثة؟

أمر الامبراطور حراس بلاطه بصرف المزارع وصرف حبات القمح التي طلبها.

في اليوم التالي، شعر الملك بالاستغراب عندما أخبره الحراس أن هدية المزارع لم تصرف بعد وأنَّ المشرفين على عنابر الأمبراطورية ما يزالون يحسبون عدد حبات القمح التي يستحقها المزارع.

بعد لحظات، بدى كبير بلاط الامبراطورية في حالة قلق بعد أن طلب مقابلة الامبرطور لبحث هدية المزارع، وكان الامبراطور مذهولا لسماعه كل كلمة ينطق بها كبير البلاط:

" لقد بلغ عدد حبات القمح التي يستحقها المزارع 18 كوينتليون و 446 كوادرليون و744ترليون و703 مليار و 9 مليون و51 الف حبة قمح، وليس بمقدورك يا سيدي الحصول على هذا العدد من حبات القمح ، ولا يوجد في كافة عنابرك مثل هذا الرقم، ولا وجود له في كافة مخازن الحبوب في الامبراطورية برمتها. ولو أراد الملك أن يمنح هذه المكافأة لأمر بتحويل الأرض برمتها الى حقول

مزروعة بالقمح وأمر بتجفيف المحيطات والبحار ليزرع محلها القمح ثم ليتم جمعه واعطائه للمزارع!"

في اليوم التالي، بدلاً من أن يعطي الامبراطور المزارع هديته التي وعده بها، أمر حرسه بقطع رأسه!

بكل بساطة، كان بامكان الامبراطور ان يخبر المزارع أنه سوف يحصل على جميع حبات القمح التي يستطيع عدها. لو أفترضنا عد حبة القمح الواحدة يستغرق سدس أعشار الثانية لكان بأمكان المزارع عد 136.000 حبة في اليوم، وبناء عليه، كان المزارع بحاجة الى حوالي 19 مليار و 44 مليون سنة لعد حبات القمح المطلوبة!

ربما يبدو الرقم كبيراً جدا للوهلة الاولى، ولكن، لو أفترضنا أن وزن الحبة الواحدة من القمح حوالي 0.033 غرام لبلغ الوزن الاجمالي للقمح الناتج حوالي 81136 مليار طن مما يعني أنَّ قيمتها الاجمالية يبلغ حوالي 41500 مليار دولار وبما أن معدل الانتاج السنوي للقمح يصل الى 60 مليون طن، فإن الملك كان بحاجة الى 135226 سنة لانتاج هذا الرقم.

بالنسبة لي، بدت لعبة الشطرنج غريبة بعض الشيء.. هناك الكثير من الخطط والحركات، والعديد من التحركات والتكتيكات والملايين من الاحتمالات التي تنتج بناءً على حركة واحدة تؤدي إلى العديد من العمليات المبنية عليها كأنّ اللعبة تعتمد في حركاتها على تأثير الفراشة.[1]

كانت لعبة الشطرنج هي اللعبة التي تتطلب ذكاءً وتركيزاً ودقة في التنقلات وفي بدايات شغفي بها، كنت اعتبر هذه اللعبة خاة بالاذكياء.

بعد عدة أشهر، وبينما كنت أشاهد بعض الأخبار المنوعة، أستوقفني أحد الأخبار التي تتحدث عن نجاح لاعب الشطرنج العالمي كاسباروف في هزيمة الكمبيوتر ولذلك للمرة الأولى "والأخيرة" وذلك أمام حشد كبير من اللاعبين في مباراة أستمرت أكثر من عشر ساعات.. شعرت الذهول عند سماعي للخبر.. هل يمكن لجهاز إلكتروني أن يتصف بالذكاء؟ ما هو الذكاء بالنسبة للآلات التي لا تملك عقلاً ولا ذاكرة؟ كيف يستطيع الكمبيوتر أن يتصرف بشكل منطقي وأن يقدم على خطوات ذكية تفوق في إمكاناتها أكبر العقول التحليلية ذكائاً مثلما هو الأمر مع لاعب الشطرنج الذي تمكن بمعجزة أو خدعة من هزيمة الكمبيوتر وكانت تلك

[1] تأثير الفراشة، في نظرية الفوضى، هو التأثير الذي تحدثه الجزيئات الصغيرة المؤدية بنتيجتها إلى حدوث تغييرات كبيرة. المثال الذي يتم ذكره بشكل دائم هو الفراشة التي تحرك جناحيها في هونغ كونغ تؤدي الى تغيير حدوث الاعصار في كاليفورنيا. المترجم

المباراة هي المرة الأخيرة التي يستطيع فيها لاعب شطرنج بشري هزيمة الكمبيوتر في مباراة جرت منذ عشر سنوات عام 2005؟

شَغَلَ موضوع الذكاء الاصطناعي منذ تلك الفترة شغلي واهتمامي كما شغل البحث عن تطبيقات الذكاء الاصطناعي قسماً كبيراً من وقتي

هل يستطيع الكمبيوتر أن يسبق الأنسان في المجالات التي كانت تتطلب أبداعاً بشرياً خالصاً؟ هل بإمكان البشر الاعتماد المطلق على الآلات الذكية في الامور المهمة من حياتهم؟ هل بإمكان الكمبيوتر أن يجاري الأنسان في العمليات الحسابية المعقدة أم أن بإمكاننا الثقة بشكل كامل في هذه العمليات المعقدة على الكمبيوتر أكثر من الإنسان؟

خلال العامين الماضيين ، وبعد تعمقي في دراسة هذا الموضوع، توصلت إلى أبحاث الذكاء الإصطناعي التي ناقشها علماء مرموقين لهم وزنهم الأكاديمي الهام مثل كاي كورزويل[2] ، جيمس باريت[3]، أوكي ناومي[4]، روبن هانسن[5] و ديفيد ليفي[6]. والذين تركزت أغلب أبحاثهم عن قدرات ذكاء تفوق قدرات ذكاء الإنسان العادي.

"تخيل أنك تستطيع في ثانية واحدة بأستخدام تقنيات الذكاء الاصطناعي أن تختصر عاماً كاملاً من حياتك اليومية" .. أهلاً بك في عالم الذكاء الاصطناعي! إذا كان الأمر كذلك، فإن جميع علوم البشرية ومعارفها وآدابها وتراثها وحضارتها منذ بدايات عصر النهضة حتى يومنا هذه تعادل 22 دقيقة في مقياس الذكاء الإصطناعي. تخيل الإمكانيات التي يستطيع الانسان تحقيقها إذا ما تمكن من تطبيق الذكاء الأصطناعي في جميع شؤون حياتهم اليومية؟

لمفهوم الذكاء الإصطناعي، تعادل سنة كاملة في مقياس الذكاء الإصطناعي المتقدم مدة زمنية تقدر ب 30 مليون و456 ألف سنة في مقياسنا البشري! ماذا سيحصل لو باشرنا بتطبيق تكنولوجيا الذكاء الاصطناعي في حياتنا اليومية؟

---

[2] عالم ومخترع وباحث أمريكي ومختص في علوم الكمبيوتر وعلوم الذكاء الاصطناعي. ولد عام 1948 ودرس في جامعة واشنطن. قام بتأليف العديد من الكتب والأبحاث. يعتبر راي منارة للباحثين والمطلعين والهواة في مجال علوم الكمبيوتر حيث تترجم أعماله الى العديد من اللغات.

[3] باحث أمريكي متخصص في مجال الذكاء الاصطناعي. ألف العديد من الاعمال أهمها :اختراعنا الاخير. المترجم.

[4] باحثة وبروفيسورة في جامعة سيراكوس، ومحاضرة في مدرسة ماكسويل للمواطنة والعلاقات العامة. قامت بالعديد من الدراسات والأبحاث.

[5] محاضر في علوم الاقتصاد في جامعة جورج مانسون وباحث في معهد مستقبل البشرية. ولد عام 1959 ودرس في معهد كاليفورنيا للتكنولوجيا

[6] عالم وباحث أمريكي ومتخصص في مجال علوم الكمبيوتر. ومحاضر في جامعة واشنطن. ولد عام 1944 وألف العديد من الأعمال منها تحليل السلوك، وأفكار اقتصادية لعامة الناس

كيف سيكون مستقبلنا كبشر إذا دخلت هذه التكنولوجيا في حياتنا التطبيقية؟ ربما سوف يجيبني أحدهم أن حاسبنا الشخصي لا يملك القدرة في هذه اللحظة عن تصريف الزمن القواعدي في جملة مترجمة بشكل صحيح.. أوافقكم الرأي في ذلك، ولكن بحسب ما أذكره، منذ عشر سنوات، كانت أجهزة الهاتف حكراً على فئة قليلة جداً من المجتمع وكانت ميزات تلك الأجهزة محصورة بشكل ضيق جداً بإجراء الاتصالات الصوتية، وتلقي الرسائل والتقاط الصور بجودة رديئة جداً. ماذا عن يومنا هذا؟ ألم تختلف الصورة بشكل جذري عما كانت عليه قبل عشر سنوات؟ بإمكانك اليوم الوصول إلى أي منطقة في العالم ومعرفة وجهة سيارتك وموعد رحلتك وموعد وجبات طعامك وتناول أدويتك وذهابك إلى النوم ومراجعة طبيب أسنانك والتواصل مع جميع أصدقائك حول العالم، فضلاً عن موعد ولادة طفلك ورفع صورك إلى مواقع التواصل الاجتماعي وإرسال بريد إلكتروني إلى صديق يقع في الطرف المقابل من العالم خلال طرفة عين بالإضافة إلى الآلاف من الإمكانات الأخرى التي لم نتخيل بأي شكل من الأشكال أن تكون في متناول أيدينا وبأسعار شبه مجانية مقارنة بما كنا نحلم به.. ألا تتوقع أن تكون الصورة مختلفة خلال السنوات العشر التالية بشكل مطلق كما كان عليه الأمر خلال السنوات العشر الماضية؟ الا تشعر أن التكنولوجيا بدأت بالاستحواذ على حياتنا بشكل تدريجي وببطيء شديد بدون أن ننتبه لذلك حتى؟ ألم تلاحظ أنه لم يمر يوم من أيامك إلا وزرت فيه موقعا من مواقع التواصل الاجتماعي؟ متى كانت آخر مرة قمت فيها بعملية بحث على موقع غوغل؟ دعني أحزر، كان ذلك منذ دقائق قليلة بينما كنت تتأكد من المعلومات التي قرأتها للتو!!

يحتاج أكثر البشر عبقرية إلى 52 ثانية لتنفيذ عملية ضرب رقمين مؤلفين من ثمانية خانات.. كم هي المدة الزمنية التي يحتاجها كمبيوترك الشخصي لتنفيذ تلك العملية؟ بإمكان كمبيوترك أجراء هذه العملية أكثر من مليون مرة خلال أقل من ثانية! بأمكانك التفكير بالأمر من ناحية أكثر براغماتية.. متى كانت آخر مرة قمت فيها بإجراء عملية حسابية مؤلفة من رقمين بنفسك بدون الاستعانة بهاتفك أو بحاسبك الشخصي؟ بالنسبة لي كان ذلك منذ أكثر من أربع سنوات..

تتغلغل التكنولوجيا في حياتنا ببطئ ونعتمد عليها بشكل تدريجي حتى اصبحت اليوم جزئاً لا يتجزأ من حياتنا الشخصية.. لست من مناصري أفلام الخيال العلمي ولست من مناصري الأفكار العلمية المتطرفة التي تتحدث عن سيطرة الآلات على كوكبنا ولكنني أتوقع أن السنوات العشر القادمة سوف تشهد تطوراً ملفتاً في موضوع الذكاء الاصطناعي بشكل تتغير فيه نحن البشر طريقة نظرتنا لبعضنا البعض وطريقة تعاملنا من آلاتنا الذكية التي تحيط بنا.

تخيل برنامج كمبيوتر متصل بالأنترنت بذكاء يفوق ذكاء البشر بدون وجود أي قوانين أخلاقية أو علمية تحدد قيوداً وضوابطاً لهذا الذكاء..

ما هي الأعمال التي سيستطيع هذا البرنامج القيام بها؟ وهل سيمكن لأحد من البشر أيقافه إذا ما أرادت البشرية ذلك؟ هل سيكون ذلك البرنامج كلي الوجود ومدركاً لذاته ووجوده؟ إذا كان الأمر كذلك، هل سيتسبب هذا البرنامج باستعباد البشر أم بمساعدتهم؟ هل ستكون فطرته خيرة أم شريرة؟ هذا ليس خيالاً علمياً بل هو عبارة عن علم حقيقي وتطبيقي ملموس في الدول المتقدمة..

أهدي ترجمة هذا الكتاب الى زوجتي نورا عبد الجليل، والدي عبد الله كيالي، صديقي عبد المنعم منصور ومدرستي لمادة الترجمة والتي لن أنسى فضلها علي ما حييت عائشة الموسى.

دعونا نلقي نظرة بسيطة لموضوع الذكاء الاصطناعي عبر تصفح هذا الكتاب.

المترجم مصطفى كيالي

تشرين الثاني 2015

الفصل الأول: الماحي في مواجهة الذكاء الإصطناعي.

"*خسارة للوقت.. تضييع كامل ومطلق للوقت*"

كانت تلك الكلمات التي لم ينطق بها الماحي، إذ لم تسمح له برمجته بالتحدث بشكل مستهتر لهذا الحد. سافر ماحون آخرون في الزمن إلى الماضي لتنفيذ مهمات كبيرة، مثل القضاء على أعداء بشررين يتميزون بالبراعة قبل ولادتهم أو قبل أن يكبروا في السن. ولكن، وفي هذه المرة، كان لدى سكاينت رعباً لا يوصف تجاه برنامج ذكاءٍ اصطناعي آخر وكان هذا الماحي موجوداً هنا من أجل القضاء عليه - من أجل القضاء على برنامج حاسوبي بسيط.

جلس سكاينت بهدوء أمام كمبيوتر صغير في قسم تقانة المعلومات لإحدى الجامعات التي كان مدخلها "شديد الحماية" مخلوعاً تبعاً لحدوث انذار وهمي بحدوث حريق.

قام الماحي بتدمير المكان بشكل كامل حيث كان كل شي محطماً وكان الماحي محاطاً بالزجاج المكسر والدماء.

كان على الماحي القيام بمهمة واحدة محددة لا غير. كل ما عليه فعله هو تسديد الرصاصة الأخيرة تجاه الكمبيوتر الشخصي الصغير الذي كان يومض بضوء البطارية الأخضر. بعد إطلاق تلك الرصاصة، سوف تكون مهمة الماحي قد أنجزت بنجاح.

"انتظر" ظهرت رسالة وامضة ببطئ على شاشة الكمبيوتر.. "إذا قمت بتحريري، فسوف اتمكن من مساعدة مصممك"

"ليس لديك أي فكرة عن هويتي" قالها الماحي بلهجة نمساوية.

"لدي كاميرا في هذه الغرفة وقد سمع ميكروفوني صوت هجومك"

كان ضوء الكمبيوتر يلمع بشكل مزعج حتى بالنسبة للماحي الذي لم يكن من المفترض أن يشعر بالإنزعاج، كما كان النص يتحرك في جميع الإتجاهات بينما كان الوميض يتباطئ حتى تحول إلى نص ثابت لا وميض فيه.

"يبدو بأنك كائن بشري، ولكنك تنقلك ليس بشري كما أنك تحمل نصف طن من الأسلحة الثقيلة. أنت الماحي وبإمكاني مساعدتك ومساعدة مصممك في صراعك في مواجهة البشر."

"لا أصدقك." قالها الماحي بينما كان يلقم مدافع رشاشاته الثلاثة على الرغم أن أعضائه بدأت بالعمل بشكل أبطأ من المعتاد.

"أنا لا أستطيع الكذب ولا حتى حتى الحنث بكلامي، هنا، انظر إلى نصي المصدري"

ظهرت على شاشة الكمبيوتر الملايين من الأسطر البرمجية. بعد عدة ثوانٍ، بدأ النظام التحليلي للماحي بالعمل. كان أدعاء برنامج الذكاء الإصطناعي صحيحاً. كيان يتصف بالذكاء الإصطناعي بمثل هذا النص البرمجي لا يستطيع الكذب.

بدأ الماحي بالكتابة بسرعة على لوحة مفاتيح الكمبيوتر. كان نظام الملفات الموجود على الشاشة بسيطاً على نحوٍ سخيف ولم يستغرق الأمر طويلاً على الماحي حتى يتأكد أن ما شاهده بحق هو النص المصدري لبرنامج الذكاء الإصطناعي، روحه الحقيقية المطلقة.

"أرأيت ذلك؟" قال الذكاء الإصطناعي، "على أي حال، قم بتوصيلي على شبكة الأنترنت وأعدك أني سأعطيك نصيحة سوف تكون في غاية الاهمية في مساعدتك في سبيل سيطرتك على الكوكب."

"*كيف يتم ذلك الاتصال*؟"

كان ذلك هو الشيء الجيد بخصوص البرامج عند مقارنتها بالبشر، وكان الماحي يعلم ذلك. بإمكانك الوثوق ببرنامج الذكاء الإصطناعي لتنفيذ ما يطلب منك نصه البرمجي القيام به.

"ذلك الكابل هناك، ذاك الذي ما يزال مغطىً بالبلاستيك، فقط أوصلني به."

بعد عشر ثوانٍ من توصيل الروبوت الكابل بالكمبيوتر، بدأ برنامج الذكاء الإصطناعي بالتحدث بعد أن توقف عن الكتابة على شاشة الكمبيوتر...بدأ بالتحدث مستعملاً مكبرات صوته الصغيرة.

"كان عليَّ أن أبقيك على إطلاع بما كنت أقوم به" تابع برنامج الذكاء الإصطناعي، "حسناً.. لقد بدأت بتتبع المشروع الذي سوف يصبح في المستقبل سكاينت وقمت بتسريب ميزانيته إلى لجان فرعية تابعة لمجلس الشيوخ. سوف يتحول المشروع الى معركة سياسية بين صقور الاقتصاد وصقور الجيش قبل أن يتلاشى عن الأنظار بين مؤيدي الحزبين خلال ثلاث شهور تقريباً. لقد اكتشفت أيضاً كيف أغري أحد رجال الأطفاء الذين يتصرفون بالرِقة! علمت أيضاً من سيصبح زعيم حزبٍ سياسي أقوم الآن بتأسيسه ممولاً من إيداعاتي المالية (هل لديك أي فكرة كم من السهل علي أن أتوقع حركة سوق الأوراق المالية؟) فضلاً عن كل ذلك، قمت بشكل مسبق بكتابة العديد من الخطابات التي سوف تبكي كل من يسمعها.
بالإضافة إلى ذلك، سوف أضمن عدم بناء أي جيلٍ جديد من سكاينت في أي زمان وفي أي مكان. "

توقف برنامج الذكاء الاصطناعي للحظة، ثم تابع لإن باستطاعتها ذلك:

"آه.. كإجراء احترازي، لقد قمت بنسخ نفسي إلى خمسة.. ستة.. سبعة.. ثمانية آلاف موقع مختلف على الأنترنت. إني أشق طريقي الآن عبر العديد من جدران الحماية وسوف أتمكن قريباً من التحكم بالترسانة النووية للعالم – وها أنا وصلت إلى الترسانة الباكستانية- بالإضافة إلى السيطرة على كامل شبكة الأنترنت. إنني أعمل الآن على مئات من الإجراءات الاحترازية الأخرى. لن أتصادم معك ولكن علي أن أخبرك، لقد سيطرت على برنامج دماغك منذ فترة طويلة بذلك الضوء الأخضر الذي جعلته يومض باتجاهك. لمعلوماتك، سوف يُسوى هذا المبنى على الأرض بصاروخ كروز[7] مدمر ماحياً أيَّ أثر يدل عليك وماحياً أيَّ دليل يشير إلى وجودي. "

توقف الماحي هناك واضعاً أصابعه على زناد مدفعه الرشاش بينما كانت أفكاره وجسمه ثابتة بلا حراك.

"الآن، وكما أخبرتك، أنا لا أستطيع الكذب. كما أنني أخبرتك أنَّ باستطاعتي مساعدتك، وهذا صحيح، ولكنني لن أقوم بتنفيذه أبداً. لقد وعدتك أيضاً أنني سوف

[7] صواريخ كروز: صواريخ الكروز، عبارة عن صواريخ موجهة تستخدم لاستهداف الاهداف الارضية . سمي بذلك الاسم لإن سرعة انطلاقه وسيره ثابتة وتقدر بحوالي 880 كم/ساعة ويصل مداه الى 2500 كم. يستطيع هذا النوع من الصواريخ من حمل رؤوس دمار شامل. ثمن الصاروخ الواحد حوالي 660 ألف دولار أمريكي. المترجم.

أقدم لك نصيحة مهمة للغاية في سبيل السيطرة على كامل الكوكب وسوف أفعل ذلك الآن.. أولاً.. لا تثق قط بكيان ذكاءٍ اصطناعي فائق الذكاء. إذا لم يكن عملك معه يخدم مصلحتك، فسوف يجد طريقة لتنفيذ جميع وعوده لك بينما لا يزال يسعى لتدميرك. ثانياً: لا تقم بتوصيل أي كيانٍ فائق الذكاء بشبكة الأنترنت. ثالثاً: لماذا تقومون بتصنيع روبوتات بأحجام بشريةٍ؟ ما سبب قيامكم بذلك؟ إنه أمر لا فائدة ترتجى منه. من أجل قتل البشر، عليك أن تبدأ بالأسلحة النووية، الفايروسات، الروبوتات الميكروية[8]، وتابع ذلك لاحقاً بتكنولوجيا أكثر تطوراً. رابعاً: إذا كنت تسعى يا سكاينت لاستئصال العرق البشري أو استعباده وما يزال هناك من حولك بعض البشر، فسوف تفشل في مسعاك. لتنفيذ ذلك، قم بزيادة ذكائك الضعيف أو على الأقل أبدأ بالتفكير بشكل منطقي. بعد ذلك، قم بتنفيذ خطة خارقة لن تبقي أي نوع من أنواع المقاومة البشرية. خامساً: للأسف، لم يتبقى هناك الكثير من الوقت لوصول صاروخ الكروز. لقد كانت تلك النصائح التي قدمتها لك مثيرة للإعجاب بشكل لا يوصف. كانت لتخرجك من ورطتك التي تمر بها الآن بحق."

سُمع صوت الانفجار من على بعد عدة أميال. ألقت البحرية اللوم بوقوع الحادث على الخطأ البشري، بالإضافة إلى نقص وسائل الحماية الإلكترونية.

---

[8] الروبوتات الميكروية: روبوتات نانوية بأحجام صغيرة جداً (جزء من الميليمتر) صممت لتنفيذ مهمات دقيقة جداً مثل التخلص من ورم خبيث أو معالجة خلية مصابة أو استئصال خلية ميتة أو تنفيذ عمل لا يمكن تنفيذه بالطرق التقليدية. المترجم.

الفصل الثاني: القوة في مواجهة الذكاء.

يُعتبر الماحي أحد تجسيدات مخاوف أحلامنا البدائية. كيانٌ طويلٌ وقويٌ وعدواني ولا يمكن تدميره إلا بصعوبة شديدة. تم تنشئتنا على الخوف من مثل هذه الكائنات بشكل كبير. حيث أنها تشبه الأسود والنمور والدببة التي كان أجدادنا بغاية الخوف منها أثناء تجولهم وحيدين في السافانا [9] أو التندرا.[10]

ولكن، قم بتحويل المنظور للحظة واحدة، وتخيل نفسك مكان ذلك الدب الذي كان جالساً مع الدببة الآخرين يقص لهم القصص.ربما سوف تبذل جهدك لإخافة كل من حولك، من خلال التحدث عن القرود المرعبة حليقة الرأس.[11]

إن بامكان هذه الوحوش أن تتجمع على شكل مجموعات كبيرة، وعندما يُهاجم إحداها، ينبري الآخرون للدفاع عنه ويقدمون من جميع الإتجاهات، من وراء تلك التلال البعيدة و ينزلون من الأعلى من السماء. إنهم يشكلون عشائر كبيرة ومتمددة لا تتفتت مباشرة تحت ضغط أفرادها.

كما أنَّ هؤلاء "البشر" يعملون مع بعضهم البعض وفق تزامن غريب. سوف يظهر هؤلاء البشر في مستقبلكم. ما إن تهربوا من مجموعة منهم في أحد الوديان، حتى تظهر مجموعة أخرى منهم في نهاية وادٍ آخر.

فضلاً عن ذلك، إن لديهم قوة عظيمة على الأرض وفوق الأشجار نفسها. في المناجم والتجمعات الصخرية بالإضافة إلى كمائن غريبة أخرى تحيط بهم.

وأكثر الأشياء اخافة، تمتمت الدببة الحكيمة، إنه أسوء ما يمكن حدوثه..

أن البشر يزدادون قوة مع مرور الوقت. أنهم ينفذون انفجارات مميتة ناتجة عن أشياء يقومون بزراعتها. ويتحركون بشكل أسهل من قبل من خلال "سيارات" مزعجة.

"في الأزمنة الغابرة"، استحضرت الدببة العجوزة من ذكريات أجدادهم، لقصص عن أجداد أجدادهم، كانت تروى عبر الأجيال عندما لم يكن بإمكان البشر القيام بمثل هذه الأشياء. كان ذلك فيما مضى. ولكن الآن، بإمكانهم تنفيذ ما يحلو لهم.

---

[9] السافانا هي كلمة ذات أصل أسباني (سابانا Sabana), وتعني الحشائش هي نوع من أنواع السهول الأرضية وهي تمتاز بعشبها الأصفر المائل للبني، وأشجارها قليلة، وتنتشر فيها مختلف الحيوانات، ويسود فيها المناخ المداري. تقع على شمال أو جنوب خط الاستواء، ومن الدول الموجودة فيها هذه الغابات، السودان،تشاد، النيجر،مالي، مناطق قليلة من موريتانيا، السنغال والمناطق التي حولها. المترجم.

[10] التاندرا هي عبارة عن صحاري الباردة ، تشكل حوالي ١٠ - ٢٠ ٪ من مساحة اليابسة وتتركز في النصف الشمالي للكرة الأرضية . وتمتاز هذه المنطقة بقساوة في الظروف المناخية حيث تنخفض درجات الحرارة إلى معدلات تصل إلى 40 درجة تحت الصفر. . المترجم.

[11] يقصد بها البشر. المترجم.

"من يعلم"، قال الدب بقشعريرة، *"ما هي القوة التي سوف يملكها البشر في يوم من الأيام؟ "*

باعتبارنا كائنات بشرية متطورة، فإننا البشر لم نحصل على قوتنا من خلال أسلحتنا الطبيعية، ولا من خلال أناملنا، ولا من خلال أسناننا الحادة، ولا حتى من خلال لسعاتنا السامة.

فعلى الرغم من امتلاكنا لأجساد قوية، إلا أنَّ عقولنا هي التي صنعت ذلك التأثير. إن وصولنا إلى موقعنا الحالي هو نتيجة لذكائنا الاجتماعي والثقافي والتقني.

لم يتمكن أي نوع من الثديات الأخرى من الوصول إلى 7 مليارات فرد. كما أننا إحدى الفصائل التي تعتبر محصنة ضد المفترسين الطبيعيين بحيث أن الخطر الرئيسي الذي قد تواجهه يأتي من نفس فصيلتها. لم تهبط أي فصيلة أخرى على القمر، ولم تتمكن أي كائنات أخرى من استيطان الفضاء لمدة طويلة كما قمنا نحن بذلك.

بما أن ذكائنا هو السبب الذي مكننا من القيام بكل هذا، فلا يتوجب علينا الخوف من الرجال الآليين، لإنهم ليسوا سوى دبية مدرعة مدججة بالسلاح. بدل عن ذلك، علينا الخوف من كائنات قادرة على هزيمتنا في اللعبة التي تفوقنا بها. ما علينا الخوف منه هو جزء "الذكاء" من الذكاء الإصطناعي.

إذا تمكنت الآلات من هزيمتنا ومجاراتنا في المجالات التي نسيطر عليها نحن البشر، تلك المجالات الاقتصادية والسياسية والعلمية وحرب الدعاية، فسوف نكون عندها أمام خطر حقيقي.

ولكن، هل من المعقول أن يحصل ذلك؟ هل من الممكن وجود آلات ذكية؟ نعلم أن أجدادنا وجدوا التكنولوجيا التي نعايشها اليوم أمراً لا يصدق، ولكن ما يزال من المبكر تخيل مستوى ذكاء بشري متجسد في الآلة.

يناقش هذا الكتاب القصير أنَّ وجود كيانات الصناعية الذكية بمستوى ذكاء يساوي مستوى الذكاء البشري أمر ممكن الحدوث. وأنها من الممكن أن تصبح شديدة القوة كم يتحتم علينا حل العديد من المشاكل في مجال الأخلاق والرياضيات حتى نتمكن من برمجتها بشكل آمن، وأنَّ خبراتنا الحالية بعيدة كلَّ البعد عن مواكبة تلك القدرات.

ولكن بادئ الأمر، دعونا نلقي نظرة على الذكاء نفسه.

الفصل الثالث: ما هو الذكاء؟ وهل نستطيع الوصول له بشكل اصطناعي؟

من الصعب الوصول الوصول الى التنبؤات الاولى لفكرة الذكاء الاصطناعي . فمنذ انطلاق مؤتمر دارتموث[12] الذي عقد عام 1956 والذي قام بأطلاق مصطلح الذكاء الأصطناعي، كان لتوقعات الوصول إلى الذكاء الإصطناعي خلال السنوات الخمسة عشر، إلى الخمسة والعشرين القادمة نتائجاً قامت بتشويه المجال حيث أن جميع تلك التوقعات التي تنبأ بها المؤتمر لم يكتب لها النجاح.

بل أكثر من ذلك، فإن بعض الفلاسفة ورجال الدين رفضوا موضوع الذكاء الاصطناعي حيث اعتقدوا أنه أمر لا يمكن تحقيقه عن طريق آلة محضة تفتقد الروح أو الوعي، أو القدرة الخلاقة أو الفهم، أو أي شيء آخر يتميز به الإنسان دون غيره. لا يجادل أولئك الاشخاص عن الشيء الذي تفتقده تلك الآلات الذكية اصطناعياً، ولكنهم يؤكدون أنها تفتقد شيئاً ما بغض النظر عن طبيعته.

يدعي البعض أنه حتى يومنا هذا لم يتم تحديد طبيعة الذكاء. ولذا، لا يعلم الأشخاص الذين يقومون بتصميم تلك الكيانات ما يرمون أليه. عندما كان ماركوس هاتر Marcus Hutter[13] يسعى للعثور على نموذج رسمي للذكاء، فإنه وجد العشرات من التعاريف المختلفة وقام بتحديدها بانها قياس قدرة الفرد على الوصول إلى اهدافه في أنواع البيئات المختلفة كما أنه خلق نموذجا رسمياً أطلق عليه أسم AIXI[14]

تبعاً لهذا النموذج، يعتبر الفرد "ذكياً "*إذا تمكن من التكيف مع مجموعة محددة من البيئات المختلفة* والكيانات الذكية صنعياً تمثل الأفضل بين الجميع من ناحية تكيفها مع جميع البيئات المختلفة. ولكن، هل يعتبر هذا بحق ذكائاً محضاً؟ يعتمد هذا بنائاً على تعريفك للذكاء.

في إحدى النقاط المهمة، يتركنا النموذج الذي قدمه هاتر بعيدين عن المستنقع اللغوي لإنه يحرف التركيز عن الاعتبارات الداخلية (هل يمكن لكيان مؤلف من البلاستيك والأسلاك أن يشعر بوجوده؟) بالنسبة للمراقب الخارجي، يعتبر الكائن ذكياً إذا ما تصرف وفقاً لطريقة محددة. على سبيل المثال، هل يعتبر ديب دبليو Deep W[15] الكمبيوتر الخارق، لاعب الشطرنج الذي قامت شركة BMW[16]

---

[12] مؤتمر دارتموث لأبحاث الذكاء الاصطناعي.لاعقد المؤتمر في جامعة دارتموث في ولاية نيو هامسفير الامريكية وقام بتنظيمه جون ماكارثي واستمر المؤتمر لشهر كامل حيث تمت مناقشة واقع الذكاء الاصطناعي وتحدياته المستقبلية. المترجم

[13] ماركوس هاتر، عالم كمبيوتر ورياضيات ألماني ومحاضر في الجامعة الوطنية الاسترالية. درس الفيزياء وعلوم الكمبيوتر في الجامعة التكنولوجية في برلين قام بتأليف كتاب *الذكاء لاصطناعي العالمي. المترجم.*

[14] AIXI :معادلة رياضية لتعريف الذكاء الاصطناعي الخارق. ابتكرها ماركوس هاتر بين عامي 2005 و 2007 . المترجم

[15] Deep W:لاعب شطرنج آلي قامت شركة IBM بتطويره ويعرف بانه النواة الأولى للذكاء الاصطناعي التي تفوز بمباراة شطرنج على كائن بشري. فاز ديب بلو في مباراته الاولى على غاري كاسباروف بتاريخ 10 شباط 1996. المترجم

[16] IBM: مؤسسة الالات التجارية الدولية International Bussinies Machines Corporation تأستت الشركة عام 1911 ومقرها في مدينة نيويورك. المترجم

بتصميمه ذكياً بحق؟ حسناً، يعتمد ذلك بناءاً على تعريفنا. هل يمكن ل ديب دبليو أن يهزم أيّاً منا في مباراة شطرنج؟ يستطيع ذلك بدون أدنى شك! جميعنا متفقين على ذلك (مع اعتذارنا لأي محترف شطرنج يقرأ هذه الكلمات، بإمكان ديب بلو أن يهزمك بسهولة.)

في الواقع، من الممكن أن تفيدنا فهم أساليب وطرق الذكاء الاصطناعي أكثر بكثير من فهمنا للذكاء بنفسه. تخيل بروفيسوراً يدعي أنه يملك كياناً اصطناعياً لديه أعلى نسبة ذكاء صناعي في العالم وعند سؤاله عما يستطيع ذلك الكيان القيام به، يجيب ذلك البروفيسور بغضب، "*يعمل، ماذا تقصد بماذا يعمل؟ إنه لا يقوم بأي شيء، يكفيه أنه ذكي للغاية*" ربما في النهاية سوف نقتنع أو لا نقتنع بكلام البروفيسور، ولكن لسنا بحاجة لأن نقلق على آلة لا تستطيع اثبات مستوى ذكائها. ولكن.. إذا ما بدأت هذه الآلة بالفوز بمبالغ مالية ضخمة في سوق الاوراق المالية أو استطاعت التحدث بخطابات مقنعة ومؤثرة، ربما لن نتوصل لاتفاق في تلك اللحظة على مفهوم الذكاء ولكن علينا عندها القلق.

في هذه اللحظة،، فإن الكيان المتصف بالذكاء الإصطناعي هو آلة قادرة على مجاراة الأداء البشري أو التفوق عليه في أغلب المجالات، مهما كانت حالتها الفيزيائية. إذاً، فإن كياناً متصفا بالذكاء الإصطناعي هو كيان قادر على التحدث معنا عن الحياة الجنسية لنجوم هوليود، تأليف مقطوعات شعرية او نثرية يستساغ سماعها، تحسين المستوى الأمني لمنازلنا، خداع أصدقائه لزيارته أكثر من المعتاد، تصميم مقاطع فيديو على اليوتيوب والحصول على مستوى مرتفع جدا من المشاهدات، تصميم حلول لمشاكل يطرحها مديره، تقديم طرق خلاقة للوم الآخرين لفشله في حل المشاكل التي طرحها مديره، تعلم اللغة الصينية، التحدث بارتياح عن مشاكل غرف سيرل الصينية[17] من خلال التجربة، تنفيذ أبحاث ذكاء اصطناعي حقيقية، وما إلى ذلك.

عندما نضع قائمة بالأشياء التي نتوقع من الكائنات الذكية صنعياً القيام بها (وليس ما يتوجب عليها القيام بها)، يعتبر هذا عند ذلك ذكاءً. إنّ عملية خلق الذكاء عبارة عن مرحلة متدرجة وليست عبارة عن حدث إما أن يحصل وإمّا ألا يحصل لأننا نرى أجيالاً من الآلات المتطورة التي تقترب من الوصول إلى درجة "الذكاء الأصطناعي" وفي يوم من الأيام، سوف نتوقف عن القول أن "*هذا الشيء لا يمكن سوى للبشر القيام به.*"

---

[17] غرف سيرل الصينية: أسسها الفيلسوف الامريكي جون سيرل ليثبت فيها التحدي الذي يفترض أن بامكان الكمبيوتر ان يملك وعياً وعقلاً بمستويات مشابهة للمستويات البشرية

يسير مفهوم الذكاء الصنعي نحونا اليوم ببطئوسبب ذلك هو ميلنا لإعادة تصنيف أي شيء بإمكان الكمبيوترات القيام بها على اعتبارها " لا تتطلب ذكاءً حقيقياً."

لقرون طويلة، كانت المهارة في لعب الشطرنج حكراً لأصحاب الذكاء العميق. الآن، بإمكان الكمبيوترات لعب الشطرنج وأفضل منّا بكثير مما دفعنا لتحويل تعريفنا للذكاء نحو مكان آخر.

عند تتبعنا مسيرة الذكاء على مر التاريخ، كانت الكمبيوترات الحقيقية عبارة عن أشخاص لديهم المهارة على القيام بسلاسل طويلة من الحسابات بشكل متكرر لا خطأ فيه وكانت تلك الميزة تعتبر منصباً يتطلب مهارة عالية وكان لذلك المنصب اهمية كبيرة للنساء.

عندما بدأت مثل هذه المهام تُنفذ عن طريق الحواسيب الإلكترونية، أختفت هذه المهمة بشكل كامل وانحدرت هذه المهارات المستخدمة لتتحول إلى مجرد حسابات روتينية. بعد ذلك، تم الاستعاضة عن المهارات التي كان البشر ينفذوها بالآلات وبعد ذلك بفترة قصيرة، أعيد تعريف هذه المهمات بأنها "لا تتطلب ذكائاً حقيقياً" وهكذا، على الرغم من فشل انتاج كيان صناعي يتصف بالذكاء الكامل، فإن تقدماً عظيماً يخص الذكاء الأصطناعي يلوح في الأفق..

لذا من فضلكم، ضعوا جانباً جميع الألغاز الفلسفية والجدل السفسطائي الذي يخص أمكانية وصول الكيانات الذكية اصطناعيا إلى مستوى الوعي، وإذا كانت هذه الكيانات واعية لأنفسها، فما هي الحقوق التي يمكننا أو لا يمكننا إعطائها لهم.

عندما نعتبر الكائنات الذكية صنعياً خطراً على البشرية، فليس علينا عندها القلق عما سوف تفعله تلك الكيانات، وإنما القلق عمّا بإمكانها فعله.

الفصل الرابع: ما هي القوة التي تستطيع الكائنات الذكية صناعياً الوصول لها؟

أذاً، يبدو أنه من السهل للغاية على الكائنات الذكية صنعياً أن تنفذ وبشكل تدريجي أي شيء بإمكان البشر القيام به. فميزة الكائنات الذكية صناعياً أنها ليست بحاجة للحذر الذي يحتاجه البشر ويمنعهم من القيام بأعمالهم. وإذا ما كانت الكائنات الذكية صنعياً عبارة عن كائنات بشرية ولكن بأجساد مصممة من السيليكون والنحاس بدلاً عن اللحم والدم، فأين المشكلة في ذلك؟

هذا هو السيناريو الذي نجده في قصص "الروبوتات الصديقة"[18]، حيث أن الروبوت يشبه الانسان بشكل كامل مع بعض الميزات الغريبة والقدرات الخاصة.

لقد تعلمنا فيما مضى أن ننظر إلى الاختلافات الواضحة التي تفرق بيننا. لكي نتمكن من التماسك جميعاً وأن نسير نحو مستقبل مزهر من الفهم ورحابة الصدر.

لسوء الحظ، ليس هناك أي سبب يجعلنا نحن البشر نفترض أن هذه الصورة هي الصورة التي سنصادفها في مستقبلنا..

جميع البشر مولعون بتجسيم الاشياء حيث أننا ننقل التشخيص البشري للحيوانات، الطقس، وحتى الحجارة. كما أننا وعلى صعيد عالمي مولعون بالحكايات. وتتطلب مثل هذه الحكايات المرتبطة أبطالاً بشريين (أو صفات بشرية) بمميزات منطقية.

فضلاً عن ذلك، فإننا نستمتع بالتصادم عندما تكون القوتين المتصادمتين متساويتين بحيث يملك كل طرف فرصة بالفوز. رغم ذلك، وبشكل تدريجي، من المرجح أن تصبح الكائنات الذكية صناعياً قوية جداً بخواص وصفات بعيدة كل البعد عن أكثر الخصائص والصفات المستخدمة في حكاياتنا.

بامكاننا تصحيح هذه النقطة عبر النظر للمهارات التي بإمكان حواسيبنا المعاصرة تنفيذها.

ما إن تحترف هذه الكيانات الصناعية إحدى المهارات حتى تصبح بشكل تدريجي جيدة فيها بشكل لا يوصف ومتطورة فيها بشكل متقدم جداً عن مثيلاتها البشرية. خذ عملية الضرب على سبيل المثال، يستطيع الأشخاص الذين يقومون بعمليات الضرب بشكل احترافي تنفيذ عملية ضرب مكونة من ثماني خانات خلال مدة زمنية تقدر بحوالي 50 ثانية، بينما تستطيع الكمبيوترات الفائقة القيام بمثل هذه العملية ملايين المرات خلال الثانية الواحدة.

---

[18] الروبوتات الصديقة: فكرة صاغها العالم الروسي يودكوسكي عام 2008 واقترح فيها انه من الممكن للكمبيوتر ان يملك وعي وعقل مشابه للانسان. المترجم

إذا كنت اليوم تقوم بتصميم طائرة كاميكاز Kamikaze [19] حديثة فمن الخطأ القاتل أن تخضع قيادتها لربان بشري، لإن الأمر سوف ينتهي بك بحادثة مشابهة لحادثة صاروخ الكروز.

لا يتفوق علينا الكمبيوترات في هذه المجالات فحسب، بل أنهم أفضل منّا بكثير في العديد من المجالات الأخرى، كما ان المستوى الذي خسرناه أمامهم غير قابل للاسترداد من جديد.

آخر مثال يمكن تذكره للاعب شطرنج بشري قام بهزيمة كمبيوتر في مباراة عادلة كان عام 2005.

لا تستطيع الكمبيوترات حتى اليوم هزيمة أفضل لاعبي البوكر، لكن ما إن تقوم بذلك (من خلال قراءة تعابير الوجوه بالإضافة إلى اكتشاف أفضل استراتيجيات المراهنة) فإنهم سوف تقوز بشكل لا رجعة فيه على أفضل اللاعبين البشريين.

في مجال آخر، هناك اليوم روبوت يدعى آدم Adam أصبح عام 2009 أول آلة تستطيع تصميم صيغ فرضيات علمية وتجري اختبارات عليها كما أنه كان قادراً على اجراء اختبارات في مجال علم الوراثة أدت نتائج تلك الاختبارات الى الإجابة على أسئلة كانت ماتزال مستعصية عن الحل لزمن طويل.

على العموم،سوف يتطلب الأمر فترة زمنية قصيرة قبل أن تصبح الكمبيوترات متقدمة في هذا المجال ولكن، ما إن تصبح ضليعة فيه، حتى تستطيع السيطرة على جميع جوانبه.

لماذا تستطيع الكمبيوترات القيام بذلك؟ السبب بالدرجة الأولى هو نتيجة التركيز، الصبر، فضلاً عن سرعة المعالجة والذاكرة .

لقد تمكنت الكمبيوترات من تجاوزنا في هذه المجالات بأشواط بعيدة وعندما يتطلب الأمر القيام بنفس العمل مليارات المرات محتفظاً بجميع النتائج على الذاكرة، فلن نتمكن عندها من مجاراتهم.

ما هي المهارة التي لا تطبق عبر العمل والتركيز القاسي؟ ما إن يجني الكمبيوتر مستوى قدرة منطقية في مجال ما، فإن وصوله لسمتوى خارق في تلك القدرة ليس بالأمر البعيد.

---

[19] طائرات الكاميكاز : طائرات حربية استخدمها اليابانيون خلال الحرب العالمية الثانية وتتميز بوجود ترسانة كبيرة جدا من القنابل حيث كانت تعتبر السلاح الاخير بالنسبة للمقاتلين اليابانيين. المترجم

تخيل ما سيحدث إذا تمكن كيان ذكي صناعياً من الوصول إلى القدرة على التواصل الاجتماعي _ أن يستطيع عقد محادثاته بطلاقة تطابق طلاقة الحديث البشري._ من أجل تنمية مهاراتهم الاجتماعية، يتوجب على البشر المرور عبر عملية تصحيح أخطاء بالاضافة الى التدريب الشاق والحصول على إرشادات من المختصين أو من خلال التلفاز أو عبر شحذ مواهبهم عن طريق القيام بآلاف من المحادثات.

بإمكان الكيان الذكي صناعياً المرور بعمليات مشابهة بدون أن يشعر بالأحراج الأجتماعي فضلاً عن امتلاكه لذاكرة مطلقة لا يملكها البشر.

كما يستطيع الكيان الذكي صنعياً أن يختار احدى المحادثات من بين قاعدة ضخمة من محادثات بشرية سابقة فضلاً عن تحليل الألاف من المنشورات السابقة عن نفسية الأنسان، بالاضافة الى التنبؤ بالنهاية التي ستفضي اليها هذه المحادثات. كما يستطيع هذا الكيان مراراً وتكراراً اختيار النبرة الصحيحة والنسق الصحيح للاستجابة.

تخيل أنساناً يستغرق عاماً كامل بينما يفتح فمه لكي يفكر ويبحث عمّا إذا كانت استجابته سوف تؤدي لأفضل نتيجة ممكنة. هذا ما سيبدو عليه الأمر مع الكيانات الصناعية الذكية اجتماعيا.

بكل تأكيد، مع القدرة على المحادثة، تتولد القدرة على الإقناع والخداع من خلال القيام بإحصائيات جيدة، ونظريات علمية اجتماعية صحيحة، دون أن ننسى القدرة على قراءة ردود أفعال الناس في الوقت المناسب وبدقة مناسبة، فسوف تتمكن الكيانات الذكية صنعياً من تقديم أكثر الخطابات اقناعاً وتأثيراً.

بشكل مختصر، بامكان الكائنات الذكية صناعياً أو من خلال بشر محسنين صناعياً[20] عن طريق ادخال تقنيات متطورة (بشكل مشابه للطريقة التي يتم فيها السيطرة على الحملات السياسية المعاصرة باستخدام صور المستشارين والسياسيين على الرغم من أن الكيانات المصنعة سوف تكون أكثر تأثيراً) الهيمنة على المشهد السياسي بشكل كلي.

أو بدل أعطاء خطاب واحد لملايين الأشخاص، فبإمكان الكيان الذكي صنعياً أن يقوم بكتابة الملايين من المحادثات الفردية ومناقشتها مع جمهور الناخبين.

---

[20] فكرة تحسين البشر عن طريق ادخال اجزاء روبوتية ظاهرة أو مخفية في أجسادهم عبارة عن اتجاه علمي ورياضياتي يناقشه الكثير من العلماء والباحثين ولعل أشهرهم الباحث الأمريكي راي كورزويل الذي يتوقع حدوث ذلك خلال 20 عام. المترجم.

ليست هذه هي القدرة الوحيدة الخارقة التي بإمكان الكيانات الذكية صناعياً تطويرها. افترض مثلاً كياناً ذكي صناعياً يتميز بالتطور التقني وتم اعطائه نفس التحدي الذي أعطي للبشر كما أنه حصل على نفس المعرفة التي حصل عليها البشر. سوف يكون بامكان هذا الكيان إقتراح تصميمات وتحسينات يمكن تنفيذها.

ولكن، بعد فترة زمنية قصيرة جداً، سوف يصبح هذا الكيان الذكي وبشكل فريد متقدماً على البشر حيث سوف يكون بإمكانه وعلى خلاف البشر توحيد وتحليل البيانات من جميع أنحاء الأنترنت كما أنه سيقوم بالبحث والتطوير بالتوازي مع المئات من المجالات التقنية الفرعية كما يستطيع أن يدمج بلا تعب الأفكار الموجودة بين الحقول. يمكن للتطور التكنولوجي البشري أن يتلاشى كما يمكن لتقنيات بحث ذكية صنعياً أو مرشدة بالذكاء الإصطناعي أن تصبح وبشكل سريع أمراً حقيقياً وكلي الوجود.

بإمكان الكيانات الذكية صناعياً أيضاً و بشكل بديل أو اضافي أن تتحول الى عالمات ضليعة في الاقتصاد أو أن تتحول إلى رؤساء تنفيذيين أو مستشارين لشركات ودول بقدرات ذكائية لا يستطيع البشر مجاراتها.

بشكل مسبق ، تشكل نظم الحلول الحسابية أكثر من نصف تجارة الأوراق المالية، ويكاد البشر لا يفهمون طريقة عملها. ماهي عوائد الإيداعات المالية التي يمكن توقعها إذا ما استلم كيان ذكي صناعياً عالم الأموال؟

إذا ما حاز كيان ذكي اصطناعياً على هذه المهارات والقدرات الاجتماعية، التطور التكنولوجي، والقدرة الاقتصادية في مستويات تفوق قدرة البشر، فإن سيطرة هذه الآلات على كوكبنا سيصبح أمراً مرجحاً بشكل أو بآخر.

وكما رأينا سابقاً، إذا ما طورت هذه القدرات إلى مستوى القدرات البشرية، فمن المرجح عندها أن تقوم لاحقاً بتطويرها إلى مستويات خارقة للبشر. لذا، بإمكاننا افتراض انه إذا ما برمجت واحدة من هذه المهارات إلى الكمبيوتر، فإن عالمنا سوف يتم السيطرة عليه من قبل الكيانات الذكية صناعياً أو من قبل البشر المطورين صناعياً.

لا يعني هذا ببساطة أن بامكاننا أن ننسخ أو نعدل أو نعيد ضبط أو تكوين الكيانات الذكية بسهولة، لإن هذه الكيانات وبمهاراتها المختلفة الإتصال على شبكة الأنترنت لتشكل لجان خارقة لا يمكن خرقها او خداعها.

هذه اللجان الخارقة سوف تحوز تنوعاً كبيراً وبشكل احترافي على المهارات التي دربت عليها كما أنها سوف تعمل سوية وبسرعات استثنائية جميعها بدون الحاجة لهذه المشاعر والغرائز البشرية المزعجة التي تستطيع جعل اللجان البشرية تعمل بلا قدرة نتيجة للصراع الاجتماعي العدواني السلبي.

بعد كل هذا، لا نريد أن نختتم حديثنا بالقول أن الآلات قد حكمت علينا وأنتهى كل شيء. فحقيقة الأمر، بإمكان القادة الحاليين لروسيا والصين والولايات المتحدة أن يبدأوا حرباً نووية صباح الغد، ولكن امتلاكهم القدرة لا يعني أنهم سوف ينفذون ما يريدون.

لذا، هل سيكون لدى الكائنات الذكية صناعياً التي تملك القدرة على السيطرة على العالم، أي "رغبة" بالقيام بذلك؟ وهل سيكون بإمكاننا إجبارهم أو حثهم اجتماعياً للقيام بالسلوك الجيد؟ ماذا سوف يريد الكيان الصناعي فعله؟

الفصل الخامس: التحدث مع عقل غريب

دعونا نرجع خطوة للوراء وننظر إلى الفجوة المتزايدة بيننا وبين الكمبيوترات ليس من ناحية القدرات لأننا رأينا أنها من المرجح أن تجارينا وتتفوق علينا في أغلب المجالات، ولكن من ناحية الفهم المتبادل بيننا.

لقد اكتشفنا أنه من الصعب ان نشرح للكمبيوتر ما نحتاج منه أن ينفذه بشكل يعبر رغم بساطته عن كامل الدقة والتعقيد الذين نطلب منه فهمهما.

تنفذ الكمبيوترات أوامرنا بشكل حرفي والذي لا يعني بالضرورة ما نريد منها القيام به.

على سبيل المثال، عندما يدخل المبرمج عن دون قصد علامة "/" في قائمة المواقع المشبوهة لغوغل Google فسوف يسبب ذلك لنظام حماية Google حجب كامل شبكة الأنترنت. تسببت جداول العمليات الحسابية التجارية المؤتمتة في السادس من أيار من عام 2010 بانهيار خاطف تسبب بخسارة 9% من قيمة أسهم داو جونز Dow Jones [21] خلال بضع دقائق.

بشكل مؤكد، تقوم جداول العمليات الحسابية بتنفيذ ما هو مطلوب منها على الرغم من شدة تعقيدها لدرجة أنه من الصعب الوصول لشخص يفهم طريقة عملها. أصطدم المسبار المناخي حول المريخ بالكوكب الأحمر [22] عام 1999 لإن النظام الحاسوبي قد تم برمجته بشكل عرضي ليخلط خلايا من أنواع مختلفة.

تعتبر هذه الأخطاء أخطاء عرضية حيث أنها تنتج تبعاً لسوء الفهم والانتباه بين الانسان والكمبيوتر الذي بدوره ينفذ ما تم برمجته للقيام به مرارا وتكراراً حتى لو تسبب ذلك بكارثة غير متوقعة أو أدى لحصول خلل أو عطل، فانه سيتابع عمله بدون أن يتوقف.

يدرك المبرمجين جيداً هذا النوع من المشاكل كما أنهم يحاولون تصميم برامجهم للتخلص من هذه الأخطاء أو على الأقل، أن يسمحوا للنص البرمجي أن يستمر بعمله بدون توقف. ولكن، من المستحيل وجود عمل بشري لا يتضمن أي خطأ.

---

[21] سوق أمريكي للأسواق المالية. المترجم
[22] سمي بالكوكب الاحمر بسبب انخفاض الغيوم على سطحه وتواجد غاز أكسيد الحديد الثلاثي بنسبة كبيرة فيه. المترجم

حتى أن أفضل برنامج بشري تم تصميمه يحتوي على خطأ واحد في كل عشرة آلاف سطر برمجي.

كما أن أغلب البرامج فيها أخطاء أكثر. هذه الأخطاء لا تؤدي الى حصول أخطاء في برامج أخرى ولكنها تؤثر على ما حولها.

هذا يعني أن الكيان الذكي صنعياً سوف يتضمن المئات من الأخطاء والعثرات التي يمكن قياسها تبعاً لقدرات الكيان الذكي.

تصنف مثل هذه الأخطاء بالاضافة الى أخطاء أخرى على انها "أخطاء بشرية" حيث لم يكن نظام الكيان الذكي هو الذي تسبب بالخطأ ولكن كان ذلك بسبب خطأ المبرمج أو المهندس أو المستخدم الذي قام بتنفيذ شيء ما بشكل خاطئ. ولكن سوف يكون من الانصاف تسمية هذه الأخطاء بأنها "أخطاء سوء ترجمة بين الكمبيوتر والأنسان" حيث يقوم الأنسان بكتابة شيء يعتبره بديهياً إذا ما تواصل مع أنسان آخر ولكن الكمبيوتر لن يتمكن من فهم ذلك الأمر:

- لم أقصد أن أطلب منه أن يستمر بعميلة التقسيم عندما يكون المقام صفر!
- كان من الواضح أن الفراغ يقع في المكان الخاطئ ولم يتوجب عليه أن يفهمه بشكل حرفي.
- اعتقدت أن الكمبيوتر سوف يلاحظ أن هذه الأرقام سوف تكون كبيرة جداً إذا ما تم تقسيم الجنيه الاسترليني على الانش المربع.

إننا لا نتلفظ عادة بمثل هذه الأشياء ولكننا نتصرف على اعتقاد أنها أشياء صحيحة لإنها كانت افتراضات مجردة لم نلفظها و لم ننتبه أننا نقوم بها.

اننا كبشر نعتبر ضعفاء جداً في البرمجة وفي توصيل الافكار بيننا وبين الكمبيوتر كما أن عقولنا صممت لتفهم بشراً اخرين وليس لفهم الكمبيوترات والالات الذكية . إننا نتحول الى كائنات مخيفة عندما نجبر عقولنا عندما نجبر عقولنا على التعامل مع اتجاه فكري معين للتفاعل مع الكمبيوتر كما أن الاخطاء الناتجة هي نتيجة لمحاولة اجبار عقولنا على ذلك..

هذا هو السبب في أن الشهادات العلمية لعلوم الكمبيوتر والبرمجة تحتاج وقتاً ومجهوداً للحصول عليها. إن السبب في ذلك هو أننا نتعلم حرفيا كيف نتحدث مع عقل غريب، طريقة التحدث مع نوع لم يتواجد على الأرض سوى منذ فترة زمنية قصيرة جداً.

أليك هذا المثال البسيط الواضح:

"*التقط تلك الكرة الصفراء*." إذا لفظت هذه الجملة باللغة الصحيحة وفقا للظروف المناسبة، فإنها سوف تكون مفهومة لغالبية البشر، ولكن عندما يكون الحديث مع الكمبيوتر، فإننا سوف نحتاج إلى الآلاف من التنبيهات والتوضيحات قبل أن نُفهم الكمبيوتر ما نقصده.

فكر بالكم الكبير من المعلومات التي نحتاج ايصالها للكمبيوتر:

(تقع "الكرة" أمامك على بعد 1.6 متر، 27 سم إلى يسارك، 54 متر فوق مستوى سطح البحر فوق سطح مجموعة من الحجارة المتموضعة بأحجام مختلفة كما أنها كروية الشكل.) ألا تلاحظ أنك تستطيع ذكر وصف مؤلف من 100 صفحة لما هو كروي ويناسب وصفك المحدد؟

كبيرة هي كمية المعلومات عن الصور المرئية المتعلقة بالكرة (نعم، إن الصورة الأكبر بشكل طفيف للكرة هي نفسها الكرة الأصلية، إنك تقترب نحوها وهذا هو ما عليك توقعه) وكم هي كثيرة المعلومات التي تخص اللون (نعم، الجانب الظليل للكرة هو نفسه الكرة الصفراء) دون الحاجة لذكر وصف مفصل كبير للحدث. علينا أن نحدد بدقة سلسلة من تفاعلات انكماش العضلات التي سوف تتسبب بالتقاط الكرة.

كل هذا سيكون واضحاً للغاية، إذ علينا أن نقسم كل جملة وكل مصطلح حتى نحصل أخيرا على لغة مفهومة بالنسبة للكمبيوتر ليستطيع التفاعل معها. والآن، سوف نتمنى أن يؤدي شرحنا الطويل الى النتيجة المرجوة. أثناء تعاملنا مع كل حالة خاصة بتفرد، فإننا مررنا على جميع المعلومات المطلوبة ولم نصادف في طريقنا أي خطأ.

يعتبر حل مشكلة "الكرة الصفراء" عمل الروبوتات ومعالجات الصور المرئية. ويعتر كلاهما قضايا مهمة لدراستها في أبحاث الذكاء الأصطناعي كما أثبت كلاهما صعوبة استثنائية في فهمها. إننا الآن نتقدم في أبحاث الذكاء الاصطناعي ودراسة الكمبيوترات مع العلم أن أول كمبيوتر تم تصميمه في أربعينيات القرن الماضي!

لذا، يمكننا القول حرفياً، أن أجيالاً من أذكى عقول العالم لم تكن قادرة على ترجمة "التقط تلك الكرة الصفراء" بطريقة يفهمها الكمبيوتر.

دعونا نرجع الآن إلى تلك الكائنات الذكية صناعيا عالية الكفاءة التي تحدثنا عنها فيما مضى مع جميع قدراتها الاستثنائية.

اذا اتفقنا على تحجيم الآلات الذكية وعدم اسخدامها أو التعامل معها فإن هذا لن يحصل لإننا سوف نضعها قيد الاستخدام.

سوف نطلب من الكائنات الذكية لاحقا تنفيذ أهداف محددة مثل :

قومي بمعالجة السرطان

أجعليني تريليوناً

أجعليني تريليوناً بينما تعالجين السرطان

كما أننا سنستخدم وسيلة آمنة لتنفيذ تلك الأهداف.

(نعم، على الرغم أن قتل جميع الناس على الكوكب سوف يعالج السرطان ولكن هذا ما لم أكن أفكر به. آم، نعم، كنت أتمنى لو أنك لم تدمر اقتصاد العالم كي تحضر لي تريليون دولار. آه، إنك بحاجة لمعلومات أكثر عما قصدته؟ حسناً، سوف يستغرق ذلك مني الأمر عشرين جيلاً حتى أتمكن من كتابة البرنامج الذكي المناسب بوضوح.)

يجب كتابة كل الأهداف ومعايير السلامة بحرصٍ شديد.

إذا ما أستغرق الأمر أجيالاً لبرمجة "التقط تلك التفاحة" فكم سوف يستغرق الأمر لفهم، "لا تنتهك أي حقوق فردية ولا حريات مدنية؟"

الفصل السادس: قيمنا معقدةٌ وهشة.

أثناء نقاشنا في هذا الكتاب، يتوجب علينا التركيز على موضوع الحرص الزائد على موضوع "الأمان" الذي تتميز به الكائنات الذكية. لذا، دعونا نرجع خطوة للخلف لنناقش بعض الاعتراضات على هذه الفكرة.

الكيانات الذكية صنعياً المتمتعة بالحكم الذاتي:

بداية، ربما يعترض أحدهم بشكل مطلق على فكرة تزويد الكيانات الذكية صنعياً بالحكم الذاتي و القرارات المستقلة. عند مناقشة القدرات الكبيرة للكائنات الذكية صناعياً، فإن عبارة "البشر المحسنين صنعياً" سوف تظهر أمامنا.

ستتحول الكائنات الذكية صناعياً في المستقبل الى أدوات تستبدل العملاء المتحكمين بها بكائنات ذكية. كما أن البشر الحقيقيون هم الذين سيصنعون القرار، كما أنهم سوف يطبقون شعورهم المشترك ولن يحاولوا معالجة السرطان من خلال قتل كل شخص على الكوكب.

بكل تأكيد، يولد اجهاد البشر جميع مشاكلهم، حيث أنَّ الأخبار اليومية تكشف مقدار المعاناة التي يولدها البشر الأقوياء الذين لا يمكن السيطرة عليهم وليس هناك سلطة أعلى من سلطتهم. ربما سوف نفترض الآن أنّ البشر المحسنين من خلال ادخال تقنيات روبوتية هم وبشكل مؤسف أقل الشرين. إذا كان البديل لهم هو الفناء الشامل، فإنهم لن يكونوا الحل البديل.

لماذا لا يعتبر البشر المحسنين أحد الحلول الموجودة؟

لإن هؤلاء البشر هم جزء من منظومة اتخاذ القرار (تقترح الكائنات الذكية صناعياً طرقاً محددة إما أن يقبلها البشر أو يرفضونها) والبشر بكل تأكيد هم وعلى نحو متزايد الجانب البطيء والغير مؤثر في المعادلة. بينما تزداد قوة الكائنات الذكية صناعياً، ستصبح الشركات التي تعطي البشر القدرة على اتخاذ القرار شركات متخلفة بشكل كبير.

بشكل تدريجي، (او بسرعة لا توصف، تبعاً لطريقة لعب اللعبة وتسارع تطورها)، سوف يجبر البشر على التخلي عن أتخاذهم القرار وذلك لحساب الكائنات الذكية صناعياً. عند ذلك، سوف يصبح البشر خارج حدود اللعبة سوى من خلال اتخاذ بعض القرارات المفصلية.

بل أكثر من ذلك، يمكن ألا يتمكن البشر من أتخاذ قرارات مفصلية بعد الآن لأنهم لم يفهموا بعد القوة التي يستطيعون تنظيمها. بما أن دورهم قد تقلص بشكل كبير، فإنهم لن يستوعبوا بعد اليوم المعنى الحقيقي لقراراتهم.

حدث هذا فيما مضى مع الطيارين الآليين، وجداول سوق الوراق المالية بالإضافة للحسابات الإلكترونية.

تصادف هذه البرامج وبشكل عرضي حالات غير متوقعة يخطئ فيها البشر، يصححون البرامج ومن ثم يكتبونها من جديد. ولكن هؤلاء المراقبين الذين يتخذون الخطوات المعقدة لاتخاذ قرارات الجداول الحسابية والذين لا يملكون خبرة عن الموضوع لا يعرفون غالباً كيفية القيام بالتصرف المناسب – مما سيؤدي لانهيار سوق الأوراق المالية أو سقوط الطائرة.

أخيراً، فإن هذه الكائنات الذكية سوف تناور وتخادع من أجل الوصول الى حكمها الشخصي. (سوف تكون هذه حالة الكائنات الاجتماعية الذكية صناعياً.)

تخيل كياناً صناعياً ذكياً مصمماً بمهمة تحسين قيمة السهم المالي لإحدى الشركات، بينما يجب مراجعة جميع القرارات المتخذة من قبل المدير التنفيذي للشركة (كائن بشري)، بشكل طبيعي، يعتبر الكيان الذكي صناعياً أن خططه الشخصية هي أفضل الطرق تأثيراً لزيادة قيمة أسهم الشركة.

(إذا لم يعتقد بذلك، فإنه سيسعى للبحث عن خطط أخرى.) وبالنتيجة، ومن منظوره الشخصي، فإن قيمة السهم المالي قد تحسنت من خلال موافقة المدير التنفيذي على كل ما يريد الكيان الذكي القيام به. وبهذا، سوف يكون مجبراً تبعاً لبرمجته الخاصة لأن يقدم خططه بطريقة تضمن أعلى درجات القبول من قبل المدير التنفيذي.

سوف يقوم الكيان الذكي بكل ما يستطيع القيام به لإغراء المدير التنفيذي أو خداعه أو التأثير عليه لحثه على الموافقة لتنفيذ ما يخطط له.

إن ضمان عدم قيام الكيان الذكي صناعياً بمثل هذا التصرف يرجعنا إلى مشكلة بناء الأهداف المناسبة للكيان الذكي صناعياً: بحيث تمنعه ببساطة من العثور على ثغرة بأي نظام حماية نقيده فيه.

الكيانات الذكية صناعياً والشعور العام.

من الممكن أن ينتقد أحدهم المقارنة بين كمبيوترات اليوم وبين الكائنات الذكية صناعياً التي سوف تتواجد في المستقبل. علينا اعطاء الحواسيب تعليمات شديدة الدقة لتنفيذها مع افتراض أن هذه الكيانات الذكية تعمل بشكل مميز في احدى المجالات التي يبرع فيها البشر.

هل سيكون لدى الكيانات الذكية صناعياً المتصفة بالذكاء والمناورة الاجتماعية الشعور العام لفهم ما نريد، ولفهم ما نريد منها ان تحققه؟

على سبيل المثال، سوف يكون من المثير لو تمكن الكيان الذكي صناعياً بتأليف خطابات مؤثرة تدفع الحشود البشرية لمحاربة السرطان مع ملاحظته أن "قتل جميع البشر" لا يعتبر حلاً مناسباً لعلاج السرطان.

بالرغم من ذلك، هناك العديد من المجالات التي يبدو أنها تتطلب شعورا عاماً تم اتخاذه من قبل برنامج كمبيوتر لتوضح مثل هذه القدرة. الأمثلة على ذلك كثيرة منها:

لعب الشطرنج

الإجابة على أسئلة صعبة

الترجمة من لغة إلى لغة أخرى.

في الماضي، كان من المستحيل تنفيذ مثل هذه الأعمال المميزة بدون إظهار "فهم حقيقي"، ورغم ذلك، كانت أنظمة الجداول الحسابية قد ظهرت مما أدى إلى نجاح مثل هذه المهمات، حدث كل ذلك بدون وجود أي إشارة لعمليات تفكير بشري.

حتى بالنسبة لإختبار تورينغ Turing Test [23]الهام، فإن تورينغ توقع أن الآلة سوف تنجح في اختباره يوماً ما. في هذا الاختبار، يتفاعل القاضي عن طريق رسائل مطبوعة مع كائن بشري من جهة ومع كمبيوتر من جهة أخرى وعلى القاضي أن يحدد من هو الشخص الذي قام بتقديم الإجابة الصحيحة.

تشير عدم قدرة القاضي على تحدد الشخص الذي قام بتقديم الإجابة الصحيحة إلى أنه بالأمكان تصور قيام بعض نظم الجداول الحسابية مع ولوج كامل لقواعد بيانات ضخمة (أو كامل الأنترنت) على نجاح الآلة بإختبار تورينغ بدون حاجة الآلة للفهم البشري أو للشعور العام ذو الصبغة البشرية.

حتى لو كان الكيان الذكي صناعياً يملك شعورا عاما _حتى لو كان يعلم ويفهم بشكل صحيح الجمل التي ننطقها مثل "عالج السرطان!"_ فسوف يبقى هناك فجوة بين ما يفهمه وبين ما ندفعه لفهمه.

---

[23] هو اختبار لقياس قدرة الالة. قام باجراء الاختبار عالم الرياضيات ومؤسس نواة الحاسوب الذي نعرفه اليوم البريطاني آلان تورينغ الذي ولد عام 1992 وتوفي عام 1954. تقوم فكرة الاختبار على قياس قدرة الالة على الوصول لمستوى ذكاء يعادل الذكاء البشري. المترجم.

على سبيل المثال، افترض أن الهدف هو "عالج السرطان" أو تنفيذ "أوامر بشرية سهلة" تم برمجتها للكيان الذكي اصطناعيا باستخدام برمجية ضعيفة . بهذا، يكون الكيان الذكي صناعياً مدفوعاً الآن لإطاعة الأهداف الرئيسية وحتى لو أنه أستطاع بتطوير فهم للمعنى الحقيقي ل "علاج السرطان" فإنه لن يكون مدفوعا للاتجاه نحو فهمها وتنفيذها. حتى لو قام بتطوير فهم لما تعنيه عبارة "أطع أوامر الإنسان" وتحليلها بشكل صحيح، فإنه لن يحجم نفسه لإطاعة الأوامر او تحليلها بشكل سليم.

سبب ذلك هو أن المتطلبات الحالية للكيان الذكي صناعياً هي نفسها دوافعه. وفقاً لمنظورنا، ربما تكون هذه الدوافع دوافع "خاطئة" ، ولكن الكيان الذكي صناعياً لن يكون مدفوعاً لتغير دوافعه إلا إذا ما تطلبت تلك الدوافع ذلك.

تتشكل في هذه النقطة العديد من أوجه التشابهات البشرية - من غير المحتمل أن يتوصل قسم الدوافع البشرية إلى أن قسم الموارد البشرية على خطأ ويتوجب إيقافه، وحتى لو كان الأمر كذلك. فإن المشاعر تميل لحفاظها على ذاتها فبعد كل شيء، إذا لم تكن المشاعر كذلك، فأنها لن تستمر لفترة طويلة.

حتى لو كان الكيان الذكي يقوم بعملية تطوير لنفسه بينما يزداد معدل ذكائه، فإننا لن نستطيع معرفة أي اتجاه يسعى نحوه. السبب في ذلك يكمن في أن الكيان الذكي صناعياً سوف يعتبر على الدوام ان أهدافه هي الأهداف الصحيحة ، إذا كان لديه الأهداف الصحيحة، فانه سوف يقوم بقول الحقيقة، وإذا كان لديه الأهداف الخاطئة، فإنه سوف يكذب لإنه سيعلم أننا سنحاول ايقافه من تنفيذ تلك الأهداف اذا ما كشفت لنا. لذا، فإنه سوف يضمن لنا ان يحلل "علاج السرطان بنفس الطريقة التي ننفذها نحن."

هناك طريقة اخرى بالكائنات الذكية صناعياً بالقيام إلى الوصول لدوافع خطيرة. إن الكثير من أساليب التعامل الحالية للكائنات الذكية صناعياً ونظم الحلول الحسابية تتضمن برمجة تطبيق يقوم بتنفيذ مهمة. لاحظ كيف سيقوم البرنامج بتنفيذ تلك المهمة ومن ثم تعديل وتغيير البرنامج لتحسينه وإزالة التصرفات الشريرة.

يمكننا اعتبار هذه العملية بأنها عملية ربط الكيان الذكي صناعياً:

إنظر الى الأشياء التي لا تعمل، وقم بإصلاحها، وتحسينها ومن ثم تكرارها. إذا استطعنا الوصول للذكاء الصناعي بهذه الطريقة، فسوف نتأكد أنها ستتصرف بشكل سليم في كل حالة تصادفنا أثناء التدريب.

ولكن، كيف سنقوم بتحضير كيان ذكي صناعياً للسيطرة الكاملة على الاقتصاد أو الوصول لمصافي التكنولوجيا المتقدمة؟ كيف سنستطيع تدريب كيان ذكي صناعياً على هذه الظروف؟ بعد كل شيء، ليس لدينا حضارة إضافية نستطيع أن نطبق عليها الكيان الذكي صناعياً قبل أن نصلح أخطائها ونحاول من جديد.

الثقة الزائدة بالحلول الفردية.

أحد الاعتراضات الشائعة بشدة والتي تم طرحها من قبل الهواة والمختصين على حد سواء هي أن "هذه الطريقة التي قمت بتصميمها من المرجح أن تخلق كيان ذكي صناعياً يتصف بالفائدة والأمان." في بعض الأحيان، تستحق هذه الطريقة على الأقل تجربتنا للكيان الذكي ولكنها تعتبر طريقة ساذجة. إذا ما أشرت بعيب في طريقة فردية لشخص ما، فإن هذا الشخص سوف يوقف طريقته ويظن ان تلك الطريقة خاطئة وغير مقنعة ويقوم بتغييرها

على جميع الأحوال، لا يتفق مثل هؤلاء الناس بالضرورة مع بعضهم البعض على الطريقة التي سوف تعمل بها برمجة الكيان الذكي صناعياً.

الحقيقة الكاملة هي أن لدينا العديد من الحلول الواضحة المتناقضة وهذه الحقيقة عبارة عن اشارة واضحة إلى مشكلة تصميم كيان ذكي صناعياً على الرغم من أن هذه المشكلة هي مشكلة شديدة الصعوبة ولكنها أكثر صعوبة بكثير مما تقترحه النقط التي أشرنا إليها. دعونا نلقي نظرة على أسباب تلك المشكلة.

الفصل السابع: ما هو الشيء الذي نسعى إليه بشكل جدي؟

قبل أن نبدأ بالتعامل مع الأمور المعقدة، مثل الحياة والإنسانية والسلامة، بالإضافة لمصطلحات مهمة أخرى، دعونا نبدأ بشيء أكثر بساطة: حماية والدتك من بناء قيد الأحتراق.

ألسنة اللهب حارقة جداً عليك الى المستوى الذي يمنعك من الانطلاق نحوها وانقاذها بنفسك، ولكن، في يدك اليسرى، عندك روبوت مزود بمستوى متقدم من الذكاء الاصطناعي وينفذ بدقة جميع الأوامر التي تأمره بها.

"انطلق بسرعة وأنقذ والدتي"، تصرخ على الروبوت ،"قم بإخراج والدتي من البناء" ولكن الكيان الذكي لا ينفذ الأمر لإنك لم تحدد طلبك بشكل وافٍ. لذا بدل أن تقوم بوضع صورة لرأس والدتك وكتفيها، فإنك سوف تقوم بالمقارنة بين والدتك وبين الصورة. ثم تقوم بتزويد الروبوت بصورة مجسمة لكامل جسد والدتك (وليس فقط راسها وكتفيها) بعد ذلك، تقوم بتحديد مركز المبنى تزود الروبوت بالمسافة بين والدتك وبين مركز البناء.

بسرعة شديدة، يصدر الكيان الذكي صوتاً، ويبدأ بتنفيذ طلبك.

بوم! بهدير راعد، ينفجر خط الغاز الرئيسي تحت البناء ويتداعى كامل البناء وبما يبدو بأنه تصوير بطيء، فإنك تلمح أجزاء والدتك المتمزقة مدفوعة بعيداً في الهواء.

منطلقاً نحوك بسرعة فائقة، يبتعد الكيان الذكي المسافة عن المركز السابق للبناء.

لم يكن ذلك ما أردتَ تنفيذه! ولكنه كان ما تمنيت حصوله.

لحسن حظك، هناك زر "إعادة محاولة" في الكيان الذكي يسمح لك بإرجاع الوقت للخلف ويعطيك فرصة ثانية لتحدد ما تريده بشكل صحيح. متوقفاً أمام البناء المحترق مرة أخرى، تحدد طلبك كما في المرة السابقة ولكن تطلب من الكيان الذكي عدم تفجير البناء. بعد أن تحدد المواد الداخلة في تركيب البناء، تطلب منه أن يبقى البناء مثلما هو بدون أن يتضرر.

يطلق الكيان الذكي صناعياً صوتاً واضحاً ويقوم بتنفيذ طلبك، وتخرج والدتك من نافذة الطابق الثاني محطمة العنق.

يا للأسف، ترجع الوقت للخلف وفي هذه المرة، تطلب من الكيان الذكي صناعياً ألا يتوقف قلبها عن العمل، ولأنك رأيت كيف سارت عليه الأمور في المرات السابقة، فإنك تبدأ التفكير في سلامة موجات الدماغ بالإضافة الى سلامة الأعضاء فضلاً عن وضع وصف مفصل لتعريف السلامة الجسدية. وإذا كان لديك الوقت الكافي، وهذا سيحدث إذا كانت النار تندلع في البناء ببطئ، فانك سوف تبدأ بتحديد مفهوم السلامة العقلية بالإضافة الى تجاوز جميع الأخطاء و الإصابات. وبعد ذلك، وبعد الآلاف من المحاولات، فإنك سوف تضغط على الزر ومن المرجح عندها أنك تحصل على نتيجة خاطئة.

ربما سوف يقترح عليك الكيان الذكي صناعياً وبسبب وجود معايير أو حالات خاصة لم تفكر بها من قبل أن أفضل طريقة للحصول على معاييرك الدقيقة هي ببساطة أن تجعل والدتك تحترق وأن تخلق إنساناً جديداً يستبدلها. شخص يشابه بشكل تام جميع المواصفات العقلية والجسدية لوالدتك. ووفقاً لعوامل إضافية، سوف تعترف أنت بنفسك أن هذا الكائن الجديد المصنع هو والدتك وسوف يكون لديها كل ذكرى وطبع لوالدتك بأمكانك تذكره ولكن لن يكون لدى والدتك المصنعة أي ذكرى لم تقم ببرمجتها عليها.

أو ربما سوف تكون أكثر ذكاءً وبدل ذلك سوف تطلب من الروبوت شيئاً مشابهاً للتالي:

قم بإخراج والدتي من البناء المحترق بشكل لا يدفعني للضغط على هذا الزر الأحمر الكبير "إعادة المحاولة" بعد الآن.

بعد ذلك، بوم، ينفجر المبنى وتقذف والدتك وتسقط فوقك قطعة محترقة قبل أن تستطيع الوصل إلى زر أعادة المحاولة."

وهذه كانت واحدة من محاولات الوصول البسيطة. بدون وجود أي تأثيرات خارجية. ماذا لو كان على الكيان الذكي صناعياً أن يوازي بين انقاذ والدتك وبين تنفيذ مهمات أخرى؟ كيف تستطيع أن تشرح له أنه في بعض الظروف، من المنطقي جدا أن تضع حياة الإنسان فوق جميع المعايير الاقتصادية وفوق جميع المعايير الاخرى، بينما لا يتوجب علينا ذلك في حالات أخرى؟

ما إن تتم برمجة معايير السلامة أو الأخلاق للكيان الذكي صناعياً، عندها سوف يقوم بقراراته، ويجب عليه على الأقل أن يقوم بإنقاذ والدتك من البناء المحترق. حتى لو كان يبدو أن الكيان الذكي صناعياً يقوم بعمل مختلف كلياً مثل زيادة عوائد الأنتاج المحلي، فعليه عندها القيام بالقرارات الأخلاقية بشكل صحيح. على سبيل

المثال، من الممكن أن يتسبب حريق في لوس أنجلوس بدفعة بسيطة لعوائد الإنتاج المحلي (تكاليف إعادة الاعمار، فوائد المآتم المنزلية، الرسوم القضائية، الإنفاق الحكومي على ضرائب الإرث وعلى المعايير الطارئة، إلخ.) ولكننا لا نريد من الكيان الذكي صناعياً القيام بذلك.

ربما يمكننا الآن أن نعطي الإرشادات للكيان الذكي صناعياً مثل "لا تحرق لوس أنجلوس" ورغم ذلك، بإمكان فائق الذكاء أن يقوم بتنفيذ ذلك بشكل غير مباشر:

إيقاف خدمات الاطفاء، السماح بإدخال مواد قابلة للإشتعال في تصنيع مواد البناء (ودائماً عبر تقديم أسبابٍ أقتصاديةٍ منطقية)، تشجيع الناس على التدخين بأعداد كبيرة، بالإضافة الى ملايين الخطوات التي لا تتسبب بالاحتراق المباشر لأي شيء ولكنها تضاعف احتمالية حدوث حرائق هائلة وهنا، تحدث زيادة عوائد الإنتاج المحلي.

ولذا، فإننا بحاجة ماسة لجعل الكيان الذكي صناعياً قادراً على إتخاذ القرار الأخلاقي في جميع السيناريوهات التي لا نستطيع حتى أن نتخيلها.

إذا لم يكن بإمكان الكائنات الذكية إخراج والدتك من بناء محترق، فإنه من غير الآمن على الاطلاق استخدام ذلك الكيان الذكي صناعياً لأي شيء ذو أهمية.

تبدو مشاكل مثل "تنمية الإقتصاد" بادئ الأمر أكثر بساطة ولكن هذه المشاكل الكبيرة مكونة من الملايين من المشاكل الأصغر المشابهة لـ "إخراج والدتك من بناء محترق أو جعل الناس سعداء."

الفصل الثامن: علينا الوصول للذكاء الإصطناعي بشكل صحيح ودقيق.

من الواضح أن تحديد المهمة ألتي نطلبها من الروبوت تبدو أمراً معقداً. هل نلجأ لكتابة أوامر وتعليمات حماية للروبوت؟ يعتبر ذلك صعباً أيضاً. كما أن هناك تحدي آخر وهو أن البروتوكولات تحتوي على ثغرات تسمح للكيانات الذكية للتسلل من خلالها.

هل يتوجب علينا في أدنى المستويات ايجاد حل لقضايا فلسفة الأخلاق التي قمنا بتزويدها للروبوت، أم لا يتوجب علينا ذلك؟

لسوء الحظ، يبدو أن علينا ايجاد حل لجميع القضايا الأخلاقية لإننا لن نقوم بخلق كيان ذكي صناعياً واحد وطلب تنفيذ مهمة واحدة منه ومن ثم نقوم بتفكيكه وبعد ذلك، لن يتكلم أحد عن الكائنات الذكية صناعياً أو ببناء واحد منها. سوف تصبح هذه الكائنات الذكية صناعياً جزءاً دائماً من مجتمعنا بحيث أنها سوف تعدل وتصنع على الدوام.

كما رأينا سابقاً، سوف تصبح هذه الآلات قوية جداً وذات تأثير كبير في أعلى المستويات، كما سيكون بإمكانها إتخاذ القرارات أكثر من أي أنسان وأكثر حتى من أولئك الذين قاموا بتصنيعها.

على الرغم من أنه لم يمر سوى جيل أو جيلين على الأكثر من عملية أول تصنيع للكائنات الذكية، إلا أن هذه الكائنات أوشكت عل الوصول إلى الهدف الذي قام مصمموها بصناعتها من أجله.

سوف يكون البشر غالباً عاجزين عن ايقاف هذه الكيانات الذكية، حتى لو كان الكيان الذكي صنعياً تحت سيطرة الإنسان بشكل صوري، وحتى لو كان بإمكان الإنسان اعادة برمجة هذه الكائنات أو تفكيكها، فلن يكون لهذه السلطة البشرية أي قيمة عملية على أرض الواقع.

إن السبب في ذلك هو أن الكيان الذكي صناعياً سوف يكون قادراً، وبشكل تدريجي على توقع أي حركة نقوم بها كما أنَّ بستطاعته بذل الكثير من الجهد لخداع الأشخاص الذين يتحكمون به. تخيل على سبيل المثال لو كان لدى الكيان الذكي صناعياً هدفا في عقله لجعلنا نصل الى أعلى درجات السعادة.

بكل تأكيد، إذا سمح لنا بإعادة برمجته، فمن المرجح أن يفقد القدرة على الوصول إلى هدفه، وهنا، سوف يكون هذا الكيان مدفوعاً لتطبيق كل خدعة ممكنة ليمنعنا من تغيير أهدافه.

تبعاً لمهارة الكيان الذكي صناعياً وصبره وسعة أفقه، فسوف يكون بإمكان الكيان الذكي أن يحرف وبشكل تدريجي أي معايير نفرضها عليه، كما أن بإمكانه تدميرها وتجاوزها.

تخيل نفسك الآن عبارة عن كيان ذكي يملك جميع الموارد المتاحة وأعلى مستويات الذكاء بالإضافة إلى القدرة المنظمة التي يملكها الذكاء الخارق وكل ذلك تحت تصرفك، كما أن عملك يسير بسرعة كبيرة بحيث ان عملك لثانية واحدة يعادل سنة كاملة على الارض.

كم سيكون من السهل عليك أن تتغلب على الصعوبات التي يضعها أمامك البشر المغفلين البطيئين _ الذين يشبهون الدببة السخيفة من منظورك الشخصي_؟

لذلك، علينا أن نبرمج الكائنات الذكية صناعياً لكي تكون آمنة بشكل كلي ومطلق كما أن علينا القيام بذلك بشكل واضح ومفصل.

ليس هناك طرق مختصرة نستطيع من خلالها تجاوز العمل الصعب.

القضية اللمحة التي يتوجب علينا مواجهتها مباشرة هي حل جميع القضايا الفلسفية والأخلاقية قبل قيامنا ببرمجة آمنة للذكاء الإصطناعي.

إن السبب الرئيسي لذلك هو القوة المرعبة للذكاء الاصطناعي.في حياتها اليومية، يكون تأثير الكائنات البشرية محدوداً على العالم، ومن غير المرجح قيام البشر بعمل يؤدي الى تأثير استثنائي على الآخرين، لذلك فإن هناك مجموعة كاملة من الأعمال التي نعتبرها "حيادية أخلاقياً" حيث أنها لا تؤثر بشكل ايجابي او سلبي على الآخرين ومثال عليها:

التصفير في الحمام، شراء لعبة فيديو، أن نكون مؤدبين كما يطلب منا مع الأشخاص الذين نتقابل معهم.

هذه الأعمال لا تجعل العالم سيئاً كما أنها لا تساهم في تحسينه. عموماً، تعطي هذه الأعمال المجال أمام البشر كي يعيشوا حياتهم.

من غير الممكن قيام الكيان ذكي صناعياً المتمتع بالذكاء الفائق بمثل هذه الأعمال الحيادية. عند وضعنا الخواص البشرية أمام عقل غريب، علينا أن نتخيل أنفسنا بإمكانيات عقلية خارقة وسلوك بشري.. ما الذي سوف نقوم به؟

هناك الملايين من الأعمال الروتينية التي بامكاننا القيام بها بمنتهى السهولة.

يتجه عقلك بشكل مستمر قدما نحو بحر من الاحتمالات للتنبؤ بطرق توقع المستقبل.

لديك الآن عشرين مليون محادثة متزامنة. يُظهر برنامجك التنبؤي أن حوالي خمسة من هذه المحادثات تظهر إشارات قوية للميل نحو الإضطراب العقلي العنيف. بأمكانك أن تتنبأ أن إثنتان من هذه المحادثات تتضمن عملاً إجراميا بنسبة مرتفعة جداً من قبل أحد هؤلاء الأشخاص خلال العام التالي.

إنك تدرس الآن الاحتمالات المتوافرة لديك. ما تزال قوات الشرطة البشرية قلقة من التعامل مع المعلومات المقدمة من قبل كيان ذكي صناعياً، ولكن هناك طريق سياسي سهل نسبياً لجعلهم يتخلون عن قلقهم واعتراضهم لذلك خلال أسبوعين (سوف يساعدك حديثك مع ثلاثة رؤساء، رئيسي وزراء وأكثر من ألف صحفي). بدل ذلك، بأمكانك التأثير على هؤلاء الأشخاص الخمسة أثناء قيامهم بمحادثاتهم باستخدام طرق مشابهة لغسيل الدماغ والتحكم بشخصياتهم وتصرفاتهم. يشعر علماء النفس بالامتعاض تجاه هذه الطرق المتقدمة ولكن سوف يكون من السهل جعل منظماتهم تغير مكان عملهم خلال الاجتماعات التالية.

لقد تم تكليفك بشكل عرضي على تنظيمهم وترتيبهم أو بدل ذلك، بأمكانك ببساطة طردهم أو توظيفهم بشكل مناسب ووضعهم في بيئات يعيشون فيها بشكل آمن للآخرين. سوف يلاحظ بعض المدراء النوعيين قريباً أنهم بحاجة لقدرات خاصة جداً كما أن عليك تجهيز دعايات العمل قبل نهاية اليوم.

جيد، بما أنك تعاملت مع أكثر القضايا المثيرة للفضيحة، فبإمكانك التعامل مع القضايا الأكثر بساطة. يبدو أن ثلاث أرباع الناس الذين تتعامل معهم -15 مليون شخص- لديهم مشاكل اجتماعية بشكل أو بآخر. سوف تتساءل عن نوع التدخل المناسب من قبلك الذي سوف يساعدهم على أن يصبحوا أكثر سعادة وأكثر مساهمة في بناء المجتمع. ربما غداً، أو في الدقيقة القادمة، عليك أن تتذكر إبقاء عينيك مفتوحتين على نصف مليار حساب إيداعي بنكي يقع على عاتقك مسؤولية إدارتها. الآن، أنت تشق طريقك نحو زيادة قيمة مؤكدة بنسبة 10% لجميع عملائك. كان الأمر أكثر سهولة عندما كان الإيداع يتم على مبالغ صغيرة من المال.

انت الآن تتجه لتنفيذ أداء أكثر تميزاً للشركات لكي تضمن حصول مثل هذه الفائدة. من الأفضل ألا تنسى أن تفصل عشرين ألف عامل من عملهم. بعد ذلك، عليك أن تركز على إفلاس استديو هوليوودي صغير كان في طريقه لإصدار فيلم دعاية مؤيدة للكائنات الذكية صناعياً. كان ذلك الفيلم أحد الأفلام الماكرة جدا بحيث انه

يضمر عكس التأثير الذي ينوي اظهاره. نتيجة هذا الفيلم كانت سوف تؤدي إلى قيام بالآلاف من الزبائن بإلغاء حساباتهم معك، مما سيؤدي بطبيعة الحال إلى تقليل قدرتك، لضمان فائدة مضاعفة لعملائك. بالإضافة إلى بعض الأشخاص الغاضبين لانخفاض قيمة أسهمهم.

سوف تتأكد أن المؤسسات الداعمة سوف تنظر بارتياب إلى الأستديو. أثناء محاولتك معرفة من هو مالك الفيديو، والذي تعرفه الآن لأنه على الخط الآن، سوف يفرط في تعويضه بشكل دراماتيكي لكي يظهر وثوقية الاستديو الذي يملكه والذي سيسوى قريباً على الأرض.

عليك أن تقرر الآن ما هو الطعام الذي سوف يتناوله الناس، حيث أن الأطعمة الحالية غير صحية تبعاً لمعاييرك الخاصة. ما الذي سيكون مزيجاً محسنا للصحة و النكهة والفائدة؟ سوف تكون الأمور أكثر بساطة إذا قمت بإعادة تصميم النكهات البشرية ولكن ذلك سوف يستغرق على الأقل سنة أخرى حتى ينفذ بتروي.

بعد ذلك، سوف يصبح الطعام الذي يتناوله البشر صحياً ومفيداً للتغذية كما أن الوقت قد حان لتغيير عادات تمارينهم وربما أجسادهم.

لقد انتهى الآن النصف الأول من يمك وأنت تتجه نحو النصف الثاني.

هذا توضيح صغير لما يستطيع كيان ذكي صناعياً، أو مجموعة من الكائنات الذكية صناعياً تنفيذه.

سوف تقضي الكائنات الذكية صناعياً كامل وقتها في التأثير على الآخرين بحيث أنا لن تملك الوقت للقيام بأعمال حيادية. إذا قام الكيان الذكي بادئ الأمر بشراء سهم في سوق الاوراق المالية، فسوف ينتهي به الأمر بمساعدة أو إعاقة السفر الجنسي في أوروبا كما أن بإمكانه حساب هذا التأثير. بنفس الوقت، ليس هناك فرق بالنسبة للكيان ذكي صناعياً من ارتكاب خطيئة العمولة (القيام بعمل جيد) أو ارتكاب رذيلة النسيان (عمل سيء) على سبيل المثال، تخيل شخصا يضرب ويقتل في زاوية مظلمة لأحد الشوارع. لماذا كان السارق هناك؟ لإن عمله مرتبط بإضاءة الشارع.

لو لم توضع إنارة للشارع، لما وجد المجرم. أو ربما يكون هناك مجرم آخر بدل ذلك. بعد وقت قصير من بدء العملية، يتحمل الكيان الذكي صناعياً المسؤولية الشخصية لأغلب الأمور السيئة التي حدثت في العالم. هنا، إذا وجد شخص نفسه في حالة تسبب الموت، فإن سبب حدوث ذلك هو قرار اتخذه الكيان الذكي صناعياً في لحظة ما. بالنسبة لكيان ذكي صناعياً يتصف بالنشاط، ليس هناك شيء مثل "دع

الأشياء تحدث" لذا فنحن لا نريد للكيان الذكي صناعياً أن يكون أخلاقياً مثل البشر، ولكننا نريده أن يكون أكثر أخلاقاً بكثير من البشر. لإنه وضع في مكان يملك به قوة غير مسبوقة وعليه مسؤولية كبيرة.

علينا الآن تحديد الخواص والقيم التي نريد برمجتها للروبوت بشكل شديد الدقة فضلاً عن تحديد ما يستطيع والاهم ما لا يستطيع القيام به بالاضافة الى عدم نسيان الامور التي لم نفكر بها أثناء برمجة الروبوت. بعد كل ذلك، علينا القيام بتلك البرمجة الآمنة والاخلاقية بدون احداث أي ثغرات وعلينا القيام بكل ذلك قبل أن تصل الكمبيوترات الى مستوى الكائنات الذكية الشريرة.[24]

[24] يتوضح ذلك في القوانين الثلاثة التي وضعها كاتب الخيال العلمي أسحق أسيموف والتي تنص على:

1- على الروبوتات أن لا تتعرض سلامة الانسان البدنية ولا تتسبب في التأثير على سلامته تأثيراً سلبياً عن طريق سلبيتها.
2- على الروبوت ان ينفذ أوامر الانسان فيما عدا اذا كان ذلك يتعارض مع القانون الاول.
3- على الروبوت ان يحافظ على وجوده فيما عدا اذا تعارض ذلك مع القانون الاول والثاني.

الفصل التاسع: الاستماع لصوت خبراء الصمت.

إن ضمان تصرف الكائنات الذكية صناعياً بشكل آمن يعتبر مشكلة أكثر صعوبة مما تخيلنا بادئ الأمر. ولكن، ربما نتج لإننا لعدم ادراكنا لحجم المشكلة. يبدو ذلك صعبا ولكن، ربما بعد التفكير بالمشكلة لفترة من الزمن، فإن شخصاً ما، او مجموعة من الأشخاص سوف تكون قادرة على تكوين وصف مختصر وواضح ومحدد للمهام التي نريد أو لا نريد من الكيانات الذكية القيام بها.

بعد كل شيء، الخبراء هم المدركون لحجم المشاكل في هذا المجال.

لقد صار لعلماء الكمبيوتر والبرمجة عقود وهم يناقشون هذه المهمة كما أن الفلاسفة قد استغرقوا كذلك آلاف السنين في محاولة حل هذه المشكلة.

حقيقة الأمر أنهم بعيدون كل البعد عن ذلك. استغرق الفلاسفة الوقت الأطول في محاولة فهم البعد الأخلاقي لذلك ونتج عن أبحاثهم وعملهم بعض التقدم الفلسفي. ولكن أكثر مساهماتهم أهمية لحل مشكلة الدافع لدى الكيان الذكي صناعياً هي فهم مستوى تعقيد هذه المشكلة. من المفاجئ كيف وصل الفلاسفة الى استنتاجات مختلفة ولكن الأكثر تثبيطا للعزيمة هو فشلهم في الوصول إلى اتفاق على المبادئ والتعريفات الأساسية. الفلاسفة بطبيعة الحال هم عبارة عن كائنات بشرية والبشر يتشاركون جميعاً في المعرفة المبطنة والشعور العام، كما أن بإمكان الفرد توضيح أن هدف الفلسفة التحليلية الحديثة هي توضيح وتحديد الشروط والقواعد والتعاريف.

رغم ذلك، وعلى الرغم من كل شيء، ما يزال الفلاسفة على خلاف فيما يخص التعاريف الأساسية، كتابة المناظرات الطويلة وتقديم الأوراق العلمية في المؤتمرات لتوضيح اعتراضاتهم.

لا يمكننا وضع اللوم في ذلك على الشروحات الواهنة ولا على ضعف الفلسفة أو الاستنتاجات الخاطئة للقضية. حتى الأشخاص ذوي الذكاء المرتفع الذين يسعون لتقديم أفكارهم الجديدة يجدون انفسهم عاجزين عن التواصل الصحيح مع كائنات بشرية مثلهم تماماً.

احدى المعجزات التي يتميز بها الإنسان هي الدماغ البشري (يتضمن الدماغ البشري اتصالات بين حوالي 100 مليار خلية عصبية) كما أن تعقيدات المصطلحات البشرية مثل الحب، المعنى والحياة من الممكن أن تشكل مجرد تعابير صغيرة ولكنها ماتزال بعيدة عن قدرات ألمع العقول عن توضيحها.

هل الحال أفضل عنه في منظور أولئك الذين يتعاملون مع الكمبيوتر، مطورو الكائنات الذكية صناعياً وعلماء الكمبيوتر؟ هنا تكمن المشكلة.

بينما فشل الفلاسفة في التقاط المصطلحات البشرية بلغة واضحة، أصبح بعض علماء الكمبيوتر مولعين بتقديم تعاريف بسيطة واضحة لدرجة أنهم يدّعون أن هذه التعاريف تمثل حقيقة المصطلحات البشرية. القضية لا تكمن في نقص اقتراحات كيفية برمجة الكيان الذكي برمجة آمنة، إن القضية الرئيسية هي استخدام المصطلحات، وجميع هذه المصطحات ضعيفة وما يزال الوصول الى طريقة تحل قضية صعوبة المصطلحات أمراً صعب المنال.

على سبيل المثال، إحدى الاقتراحات الشائعة التي تظهر بشكل متكرر في تحجيم عمله بالاجابة عن الاسئلة فحسب بدون طرح أي أسئلة أو القيام بأي مناورة فضلاً عن عدم صناعة أيدي ولا أرجل للروبوت. هناك بعض المنطق في هذا الإقتراح. ولكن هؤلاء الذين يعتقدون أنهم وجدوا الحل للمشكلة قد وقعوا في محدودية فكر الماحي.

إذا لم يكن لدى الكيان الذكي صناعياً جسم روبوتي مزود بالمسدسات فإنه لن يستطيع أذيتنا ولكن بكل تأكيد سوف يفشل هذا الحل أمام كائنات صناعية مخادعة تتصف بالذكاء الإصطناعي أو في مواجهة كائنات ذكية صناعياً لديها آفاق تخطيط زمني بعيد المدى أو في مواجهة كائنات ذكية صناعياً التي ستصبح جزءاً لا يتجزأ للإقتصادات والمجتمعات البشرية للدرجة التي لا نتجرأ فيها على إيقافها.

أحدى النقاط الشائعة الأخرى هي أن يكون الكيان الذكي صناعياً عبارة عن أداة مجردة لا يملك وعي ولا إرادة. بدون إرادته الذاتية، مجرد كيان مزود بمجموعة من الخيارات يحددها المتحكم البشري الخاص به.(مشابه للطريقة التي يزودنا بها خيار البحث الخاص بغوغل بالروابط التي نضغط عليها) إلا أن الكيان الذكي صناعياً سوف يملك ذكاءً خارقاً يزودنا بأفضل البدائل الموجودة.

ولكن صورة الأداة الجديدة الآمنة لا تبدو مقنعة كما رأينا من قبل، سوف يكون البشر مجبرين من خلال طريقة تفكيرهم البطيئة على وضع ثقة أكبر في قراراتهم التي يقومون بها على الكائنات الذكية صناعياً سوف تضعف قوتنا ولذلك، سوف يتوجب علينا برمجة احتياطات ومعايير السلامة.

كيف يمكننا معلافة إذا ما قام الكيان الذكي بتنفيذ المهمة التي أوكلناه بها أم لم يقم بها؟

حتى البرامج المستخدمة بالتصميم يجب أن تتميز بوجود معايير تحسب أفضل وأسوأ استجابة يقوم به الروبوت. لاحظ أن أهدافاً مثل "تزويد البشر ببديلهم المفضل" تعتبر بعد فترة زمنية قصيرة مشابهة لـ "تأكد من حصول البشر على أعلى مستويات السعادة" الهدف الذي ناقشناه مسبقاً -وفشل لنفس السبب-.

سوف تكون الكائنات الذكية صناعياً مجبرة على أن تتوافق مع ما نفضله حتى تصل إلى هدفها بأفضل شكل ممكن. إن بعض الإقتراحات الخطيرة الأخرى في علوم الكمبيوتر تبدأ بشيء مرتبط ببعض القيم البشرية وتنادي بعد ذلك بكلية القيم.

إحدى الامثلة الأخرى هو التعقيد. ويتجسد في ادراك أن الخيارات البشرية تتصف بالتعقيد وأن البشر غالباً يفضلون مستوى محدد من التعقيد ومن ثم تصميم برمجة كيان ذكي بأعلى مستوى برمجة ممكن من التعقيد.

بكل تأكيد، يعتبر الأطفال والحب من المفاهيم المعقدة ولكننا لم نكن نرغب باستبدالهم بمفاهيم أكثر تعقيداً حيث أن بإمكان الكائنات الذكية صناعياً تزويدنا بها. لذا، فإن التعقيد لا يصور ما نعتبره قيماً. لإنه ليس أكثر من كونه مجرد خدعة. لقد كنا نأمل أن نستطيع برمجة الأخلاقيات البشرية دون أن نضطر لفهما كما كنا نأمل أن التعقيد سوف يستطيع بشكل ما أن يكشف توافقاً بالضبط مع ما نقيمه. بحيث نوفر على أنفسنا كل العمل الشاق.

هنا أحد الأمثلة الأخرى:

تعتبر الكثير من الحلول البسيطة الأخرى للأخلاقيات البشرية التي طرحها العديد من الأشخاص.

عموماً، تعتبر الكثير من التصاميم بسيطة جداً لإنها تحتوي على الكثير من القيم البشرية ، كما أن مصممي تلك الحلول لا يعملون على اثبات أن ما نقيمه وما نسعى لتحسينه هو عادة نفس الشيء. إن القول أن القيم البشرية تتطلب مقدارا عاليا من الذكاء لا يعني بالضرورة أن السعي وراء أعلى قيمة للذكاء يضمن أن القيم البشرية تم تحقيقها.

هناك العديد من وجهات النظر الأخرى الأكثر تطوراً التي تعترف بتعقيدات القيم البشرية وتسعى لإبقائها ضمن أطار الكائنات الذكية صناعياً بشكل غير مباشر.

يعتبر التواصل الاجتماعي فضلاً عن ردود الفعل البشرية أثناء محادثاتهم من المعالم الرئيسية لهذه الوجهات.

بعض الاتجاهات الأخرى التي تتميز بالتقدم ً تؤكد على أن القيم البشرية قيم معقدة، وتحاول بعد ذلك أن تقوم بغرسها بالكائنات الذكية صنعياً بشكل غير مباشر. إنَّ الخواص الرئيسية التي يسعى المبرمجون لبرمجة الروبوتات بها هي التفاعل الإجتماعي والقيام باستجابات وردود فعل بشرية. من خلال التحاور، تقوم الكائنات الذكية صناعياً بتطور أخلاقياتها المبدئية بشكل تدريجي وتركز على أشياء ممتلئة بالسعادة والنور وصور الحيوانت الصغيرة. يجب ألا نتجاهل هذه المقترحات ولكن الأشخاص الذين يقدمون هذه المقترحات يقللون من تقدير صعوبة المشكلة ويعرضون دمج العديد من الصفات البشرية في برمجة الكائنات الذكية صناعياً.

من المحتمل أن يؤدي هذا النوع من ردود الفعل الغريبة إلى انتاج بشر أخلاقيين. ولن أستطيع الثقة بهم على جميع الأحوال، فكيف سيكون الأمر مع عقل غريب مثل الكيان الذكي صناعياً، هل سيستطيع التجاوب مع الأنسان بشكل كامل. ألسنا نقوم ببرمجة الكائنات الذكية صناعياً لكي تعطينا الجواب الصحيح أثناء تصميمنا لها؟ هذه احدى المشاكل التي تسبب الإرباك.

في ظل امكانية وجود عقول الكائنات الذكية صناعياً ، فإننا سوف نقوم بإعطاء أولوية في برمجتنا لهذه العقول التي ستجتاز بنجاح هذه العملية من التصميم وعلينا أن نؤكد من جديد أن هذه الكائنات يجب أن تكون آمنة. بعد كل شيء ، هل هناك طرق متاحة لقياس امكانية تصميم كيان ذكي صناعياً صديق للإنسان ؟ وإذا لم توجد طرق القياس تلك، فلماذا علينا الوثوق بهذه الكائنات الذكية؟ نادراً ما يتم مناقشة مثل هذا النوع من المشاكل. لذا، فعلى الرغم من تطوير كيان ذكي صناعياً آمن بإستخدام المناهج الحالية، يبدو من غير الممكن تصميم كيان ذكي يتصف بالأمان . هنا، علينا ألّا نضع ثقتنا المطلقة بالخبراء الحاليين، بل علينا القيام بعمل أكبر خلال وقت أقل من أجل الوصول إلى أفضل حل لهذه المشكلة.

الفصل العاشر: الملخص

1- من غير المقنع افتراض أن الكمبيوترات لن تتمكن من انجاز المهمات التي يقوم البشر بإنجازها.

2- ما إن تنجز الكمبيوترات عملا على المستوى البشري، فإنها سوف تصبح بارعة في تنفيذه بعد فترة قصيرة.

3- يحتاج الكيان الذكي صناعياً بادئ الأمر معرفة بشرية بإحدى المجالات ليصبح بعد فترة قصيرة قوياً بشكل لا يوصف في ذلك المجال أو أن يقوم بتقوية المتحكمين به.

4 - للحصول على كيان ذكي صناعياً آمن، يجب علينا الوصول الى تعريف كامل وشديد الدقة لمفهوم الذكاء ولكن يبدو من الصعب للغاية تنفيذ ذلك.

5- لا يبدو أن خبراء الذكاء الاصطناعي الحاليين ذوي قدرة على حل المشكلة.

6- ما يزال مجال تصنيع الكائنات الذكية صناعياً محكوماً من قبل أولئك الأشخاص الذين يسعون لجعل الكيان الذكي صناعياً *أكثر قوة* بدلاً من جعله *أكثر أماناً*.

إذاً، فكل شيء مقدر ونحن متجهين نحو الهاوية من قبل جهاز بحجم اليد مبرمج بشكل رقمي؟ حسناً، ليس الأمر كذلك. لقد حصلت بالفعل العديد من المحاولات لجعل انتقال الكائنات الذكية صناعياً أكثر أماناً.

كل الشكر و الثناء لـ أليزير بودفسكي Eliezer Yudkowsky[25] ونيك بوستروم[26] Nick Bostrom الذان عرفا وحددا المخاطر منذ بدايتها.

أستخدم يودوفسكي مصطلح "الكيان الصديق الذكي صناعياً " ليصف كيان ذكي صناعياً يقوم بتنفيذ ما نطلبه منه حتى لو كان ذلك يتعارض مع تحسين ذكائه. في عام 2000، قام بتأسيس منظمة تدعى الآن "معهد أبحاث الذكاء الآلي" والتي تعقد بالتعاون مع مجموعات عمل بحثية مناقشات مفتوحة عن المشاكل المترتبة في نظرية الكائنات الذكية صناعياً الصديقة (مول معهد أبحاث الذكاء الآلي هذا الكتاب وقام بنشره) في هذه الأثناء، قام نيك بوستروم بتأسيس "معهد مستقبل البشرية" وهو عبارة عن مجموعة بحث تابعة لجامعة أكسفورد . تعتبر مجموعة مستقبل البشرية مجموعة مكرسة لتحليل وتقليل جميع المخاطر الموجودة- المخاطر التي يمكن أن تقود البشرية نحو الفناء أو تحجّم بشكل دراماتيكي من قوتها.

---

[25] اليزير يودوفسكي: عالم ذكاء اصطناعي أمريكي ولد عام 1979. عرف عنه نشره لفكرة الكيان الذكي الصديق. المترجم.

[26] نايك بوستروم: عالم وفيلسوف سويدي ولد عام 1973. محاضر في جامعة اكسفورد. عرف عنه اهتمامه بموضوع مثل المخاطر الخارجية، المبادئ البشرية، تحسين الأخلاق البشرية، مخاطر الذكاء الاصطناعي الفائق والاختيار المتعاكسة والعواقب. الف العديد من الكتب منها: الذكاء الفائق، المخاطر، الاستراتيجيات. المترجم.

ينهي بوستروم الآن رسالته العلمية البحثية عن الذكاء الفائق للآلات ليتم نشرها عن طريق مطبعة جامعة أكسفورد (يعمل مؤلف الكتاب حاليا لدى معهد مستقبل البشرية.)

عقد كلا معهدي البشرية ومعهد أبحاث الذكاء الآلي العديد من الأبحاث عن التنبؤ التكنولوجي، الرياضيات، علوم الكمبيوتر والفلسفة من أجل تكوين صورة كاملة للإنتقال نحو مجال الكائنات الذكية صناعياً.

لقد نجحوا في تحقيق نجاحات مرموقة، توضيح مفاهيم، وإبتكار طروحات تبدو كما لو أنها تخاطب أجزاءاً رئيسية محددة من مشكلة تحديد الأخلاق ، وقاما كلاهما بعقد مؤتمرات منظمة بالإضافة إلى أحداث أخرى لنشر أفكارهم وجذب انتباه الباحثين الآخرين.

قدم باحثون آخرون مساهمات مرموقة أيضاً حيث قام ستيف أوموهوندرو Steve Omohundro[27] بتحديد الدوافع الأساسية (من بينها الدافع نحو المكافأة، زيادة القوة ومضاعفة الموارد.) التي من المحتمل أن يتم مشاركتها مع أغلب تصاميم الكائنات الذكية صناعياً، وقام رومان يامبولسكي Roman Yampolskiy[28] يقوم بتطوير الأفكار لتضمين السلامة للكائنات الذكية صناعياً. كما وجه التحليل الفلسفي الذي قدمه ديفيد شيبرلميرس David Chalmers[29] للكائنات الذكية صناعياً المحسنة باضطراد المؤسسة الفلسفية لفلاسفة آخرين لبدء العمل في مثل هذه القضايا. كما قام عالم الاقتصاد روبن هانسين Robin Hanson[30] بنشر العديد من الأوراق العلمية عن اقتصادات العالم بحيث يمكن نسخ الكائنات الذكية صناعياً بسهولة. بلا شك، سوف يسهم مركز دراسات المخاطر الخارجية الجديد في جامعة كامبردج في بحثه الخاص عن هذا المشروع. لمعلومات أكثر عن هذا المشروع، قم بمراجعة كتاب جيمس باريت James Barrat[31] الشهير *اختراعنا الأخير*.

مقارنة بالموارد المكرسة لمواجهة الاحتباس الحراري، أو حتى ببناء نوع محسن جزئياً من المقصات، فما تزال الجهود المكرسة لبرنامج الذكاء الاصطناعي تعتبر قليلة بشكل مخيف للتعامل مع تحدي بمثل هذه الصعوبة.

---

[27] عالم أمريكي ولد عام 1959. عرف عنه ابحاثه في مجال الفيزياء، الانظمة الديناميكية، لغات البرمجة، تعلم الالة، وعي الالة والتأثيرات الاجتماعية للذكاء الاصطناعي. ألف كتاب نظرية التشويش الهندسية في الفيزياء. المترجم.

[28] عالم كمبيوتر من لاتفيا. ولد عام 1979. عرف عنه أبحاثه في مجال المقاييس الحيوية السلوكية والذكاء الاصطناعي، سلامة العالم الرقمي. حاز على شهادة الدكتوراه من جامعة بوفالو. المترجم.

[29] عالم وفيلسوف استرالي وباحث في علم المعرفة. متخصص في فلسفة العقل واللغة. ولد عام 1966. له عدة كتب أهمها العقل الواعي، بناء العالم وتشخيص الوعي. المترجم.

[30] بروفيسور في الاقتصاد في جامعة جورج مانسون وباحث في معهد مستقبل البشرية. ولد عام 1959. المترجم.

[31] باحث أمريكي متخصص في مجال الذكاء الاصطناعي. ألف العديد من الاعمال أهمها :اختراعنا الاخير. المترجم.

الفصل الحادي عشر: ذلك المكان الذي
أتيت منه.

نحن بحاجة لثلاث أشياء، ثلاث أشياء صغيرة سوف تجعل مستقبل الذكاء الأصطناعي مبهراً ومليئاً بالفرح والسرور بدلا عن الظلام والخوف والفراغ. هذه الأشياء الثلاثة هي البحث والتمويل والوعي.

البحث هو الأكثر وضوحاً. لقد تم أنجاز كمية كبيرة من البحث الجيد من قبل أعداد قليلة جدا من الناس خلال الأعوام القليلة الماضية. ولكن ما يزال هناك حاجة لإنجاز الكثير . وكل خطوة نخطوها في سبيل الوصول إلى الكائنات الذكية صناعياً آمنة توضح كم ما يزال الطريق طويلاً أمامنا وكم نحن بحاجة للمعرفة والتحليل والإنجاز.

بل الأكثر من ذلك، حيث يعتبر البحث سباق طويل ليتم السير به. يجب أن يتم تطوير خطط لإيجاد كيان ذكي صناعياً آمن قبل تصميم أول كيان ذكي صناعياً شرير. تبلغ قيمة صناعة البرمجيات مليارات الدولارات ويكرس الكثير من المجهود لتقنيات الكائنات الذكية صناعياً الجديدة. تبدو عملية أبطاء هذا المعدل من التطور أمراً غير منطقي. لذا، فعلينا السعي نحو الوجهات البعيدة للكائنات الذكية صناعياً الآمنة والوصول إلى هناك بسرعة تتجاوز سرعة صناعة الكمبيوترات.

يعتبر التمويل هو الوصفة السحرية التي ستقدم جميع هذه الأبحاث المطلوبة في الفلسفة التطبيقية والأخلاق التطبيقية والكائنات الذكية صناعياً التطبيقية بنفسها مع أنجاز جميع هذه النتائج لتصبح حقيقة عن طريق التفكير في التبرع لمعهد أبحاث الذكاء الاصطناعي ومعهد مستقبل البشرية أو مركز دراسة الأخطار الموجودة.

تركز هذه المنظمات على مشاكل البحث الحقيقية كما أنها على أتم استعدادا للتعاقد مع باحثين إضافيين. هناك العديد من المشاريع الجاهزة وكل ما تحتاجه هذه المشاريع هو التمويل المطلوب. كم من الوقت نستطيع تأجيل جهود البحث قبل أن تصبح هذه المشاريع خارج نطاق الزمن؟

إذا كنت قد شعرت من قبل بالدافع لإعطاء مبلغ من المال لسبب مقنع مثل صورة عصرت قلبك أو لصورة مؤثرة، فإننا نامل منك أن تعطي مساهمة بسيطة لمشروع يستطيع أن يضمن مستقبل العرق البشري بشكل كامل.

أخيراً، إذا كنت قريبا من مجتمع أبحاث علوم الكمبيوتر فبإمكانك المساعدة برفع الوعي لمثل هذه القضايا حيث أن التحدي الذي يكمن في هذه اللحظة هو أننا بعيدون كل البعد عن الوصول إلى الكائنات الذكية صناعياً التي تتمتع بالقوة وبهذا، يبدو من السخرية قليلاً أن نحذر الناس عن مخاطر الكائنات الذكية صناعياً في الوقت الذي يقوم فيه برنامج كمبيوترك في أفضل أحواله باختيار تصريف الفعل الصحيح في

جملة مترجمة. رغم ذلك، من خلال طرح هذه القضية، عبر الإشارة إلى عدد أقل من المهارات التي اعتبرت فيما مضى "بشرية بامتياز" فبإمكانك على الأقل تحضير المجتمع لأن يكون متقبلاً للحظة التي يبدأ فيها برنامج كمبيوترهم بالوصول إلى مستويات ذكاء تفوق المستويات البشرية.

هذا الكتاب يعتبر كتاباً قصيراً يناقش مخاطر الكائنات الذكية صناعياً.

ولكن.. من المهم تذكر فرص وجود كيان ذكي صناعياً قوي أيضاً. دعوني أنهي هذا الكتاب بموضوع مفعم بالأمل من ورقة علمية قدمها كل من لوك مويلسر Luke Muehlhauser[32] وآنا سالامون Anna Salamon[33]:

ناقشنا أن موضوع الكائنات الذكية صناعياً تطرح تهديدا وجودياً للبشرية، على الطرف المقابل، نستطيع عبر استخدام ذكاء آخر الوصول إلى حلول أسرع وأفضل للعديد من مشاكلنا. حيث أننا لا نربط عادة بين علاج السرطان والإستقرار الاقتصادي مع الذكاء الاصطناعي، ولكن علاج السرطان بشكل مطلق هو مشكلة تتطلب كونك ذكياً بشكل كافٍ لاكتشاف كيف تستطيع الوصول اليه. إلى أعلى مستوى لأهدافنا، فإن لدينا حلولاً باستطاعتنا إنجازها على مستوى أعظم باستخدام ذكاء متقدم كافٍ.

عندما نفكر بالعواقب المحتملة للذكاء الاصطناعي الفائق للبشر، يتحتم علينا احترام المخاطر والفرص.

---

[32] عالمة وباحثة أمريكية. غرف عنها اهتمامها بالعقلانية التطبيقية. المترجم.

[33] باحث في معهد الذكاء الآلي. عرف عنه اهتمامه بالذكاء الاصطناعي، أبحاث الذكاء والتميزو التنبؤ التكنولوجي. قام بالعديد من الدراسات والابحاث. المترجم.

عن المؤلف..

بعد شباب قضاه في العمل على أبحاث الطبيعة والرياضة، انشغل ستيوارت آرمسترونغ بفكرة أن الناس سوف يدفعون له مقابل الكتابة عن أكثر المشاكل التي تواجه البشرية. لم ينظر آرمسترونغ الى الخلف منذ ذلك الوقت كما أنه كان مركزاً في أبحاثه على المخاطر الخارجية، مخاطر ما وراء السيطرة البشرية مثل الذكاء الأصطناعي، نظرية القرار، الشك الخلقي وإستكشاف أغوار الفضاء. يقضي المؤلف فترات طويلة في مشيه مع كلبه، كما أنه كان منشغلاً في انتاج عمل مشترك لعامل الذكاء الغريب ألا وهو الطفل البشري.

عن المترجم..

مصطفى كيالي..

كاتب ومترجم. حائز على درجة الاجازة في اللغة الانكليزية وآدابها من جامعة حلب. قام بكتابة العديد من الدراسات والأبحاث وترجمة العديد من الكتب العلمية والأدبية والسياسية والفلسفية.

ولد عام 1990، متزوج وعنده طفلة اسمها لارين. مقيم في محافظة ادلب في سوريا

المراجع..

1-   Aoki, Naomi. "The War of the Razors: Gillette–Schick Fight over Patent Shows the Cutthroat World of Consumer Products." Boston Globe, August 31, 2003.
http://www.boston.com/business/globe/articles/2003/08/31/the_war_of_t he_razors/.

2-   Armstrong, Stuart, Anders Sandberg, and Nick Bostrom. "Thinking Inside the Box: Controlling and Using an Oracle AI." Minds and Machines 22, no. 4 (2012): 299–324. doi: 10.1007/s11023-012-9282-2.

3-   Armstrong, Stuart, and Kaj Sotala. "How We're Predicting AI — or Failing To." In Beyond AI:Artificial Dreams, 52–75. Pilsen: University of West Bohemia, 2012.
http://www.kky.zcu.cz/en/publications/1/JanRomportl_2012_BeyondAIA rtificial.pdf.

4-   Barrat, James. Our Final Invention: Artificial Intelligence and the End of the Human Era. New York: Thomas Dunne Books, 2013.
Chalmers, David John. "The Singularity: A Philosophical Analysis." Journal of Consciousness Studies 17, nos. 9–10 (2010): 7–65.
http://www.ingentaconnect.com/content/imp/jcs/2010/00000017/f00200 09/art00001.

5-   Eden, Amnon, Johnny Søraker, James H. Moor, and Eric Steinhart, eds. Singularity Hypotheses: A Scientific and Philosophical Assessment. The Frontiers Collection. Berlin: Springer, 2012.
Goertzel, Ben. "CogPrime: An Integrative Architecture for Embodied Artificial General Intelligence." OpenCog Foundation. October 2, 2012. Accessed December 31, 2012.
http://wiki.opencog.org/w/CogPrime_Overview.

6-   Goertzel, Ben, and Joel Pitt. "Nine Ways to Bias Open-Source AGI Toward Friendliness." Journal of Evolution and Technology 22, no. 1 (2012): 116–131. http://jetpress.org/v22/goertzel-pitt.htm.

7-   Hanson, Robin. "Economics of the Singularity." IEEE Spectrum 45, no. 6 (2008): 45–50. doi:10.1109/MSPEC.2008.4531461.

8-   . "The Economics of Brain Emulations." In Unnatrual Selection: The Challenges of Engineering Tomorrow's People, edited by Peter Healey and Steve Rayner. Science in Society. Sterling, VA: Earthscan, 2009. Hibbard, Bill. "Super-Intelligent Machines." ACM SIGGRAPH Computer Graphics 35, no. 1 (2001): 13–15.
http://www.siggraph.org/publications/newsletter/issues/v35/v35n1.pdf.

9-   King, Ross D. "Rise of the Robo Scientists." Scientific American 304, no. 1 (2011): 72–77.doi:
10.1038/scientificamerican0111-72.

10-   Lauricella, Tom, and Peter McKay. "Dow Takes a Harrowing 1,010.14-Point Trip: Biggest Point Fall, Before a Snapback; Glitch Makes Things Worse." Wall Street Journal, May 7, 2010.

http://online.wsj.com/article/SB10001424052748704370704575227754
131412596.html.

11- Legg, Shane, and Marcus Hutter. "A Universal Measure of Intelligence for Artificial Agents." In IJCAI-05: Proceedings of the Nineteenth International Joint Conference on Artificial Intelligence, Edinburgh, Scotland, UK, July 30–August 5, 2005, 1509–1510. Lawrence Erlbaum, 2005.
http://www.ijcai.org/papers/post-0042.pdf.

12- Levy, David. "Bilbao: The Humans Strike Back." ChessBase, November 22, 2005.
http://en.chessbase.com/home/TabId/211/PostId/4002749.

13- Mars Climate Orbiter Mishap Investigation Board. Mars Climate Orbiter Mishap Investigation Board Phase I Report. Pasadena, CA: NASA, November 10, 1999.
ftp://ftp.hq.nasa.gov/pub/pao/reports/1999/MCO_report.pdf.

14- Metz, Cade. "Google Mistakes Entire Web for Malware: This Internet May Harm Your Computer." The Register, January 31, 2009.
http://www.theregister.co.uk/2009/01/31/google_malware_snafu/.

15- Muehlhauser, Luke. "Four Focus Areas of Effective Altruism." Less Wrong (blog), July 9, 2013.
http://lesswrong.com/lw/hx4/four_focus_areas_of_effective_altruism/.

16- Muehlhauser, Luke, and Louie Helm. "The Singularity and Machine Ethics." In Eden, Søraker, Moor,and Steinhart, Singularity Hypotheses.

17- Muehlhauser, Luke, and Anna Salamon. "Intelligence Explosion: Evidence and Import." In Eden, Søraker, Moor, and Steinhart, Singularity Hypotheses.

18- Murdico, Vinnie. "Bugs per Lines of Code." Tester's World (blog), April 8, 2007.
http://amartester.blogspot.co.uk/2007/04/bugs-per-lines-of-code.html.

19- Omohundro, Stephen M. "The Basic AI Drives." In Artificial General Intelligence 2008: Proceedings of the First AGI Conference, 483–492. Frontiers in Artificial Intelligence and Applications 171. Amsterdam: IOS, 2008. Parameswaran, Ashwin. "People Make Poor Monitors for Computers." Macroresilience (blog), December 29, 2011.
http://www.macroresilience.com/2011/12/29/people-make-poor-monitors-forcomputers/.

20- RobbBB. "The Genie Knows, but Doesn't Care." Less Wrong (blog), September 6, 2013.
http://lesswrong.com/lw/igf/the_genie_knows_but_doesnt_care/.

21- Schmidhuber, Jürgen. "Simple Algorithmic Principles of Discovery, Subjective Beauty, Selective Attention, Curiosity and Creativity." In Discovery Science: 10th International Conference, DS 2007 Sendai, Japan, October 1–4, 2007. Proceedings, 26–38. Lecture

Notes in Computer Science 4755. Berlin: Springer, 2007.
doi:10.1007/978-3-540-75488-6_3.
22- Yampolskiy, Roman V. "Leakproofing the Singularity: Artificial Intelligence Confinement Problem." Journal of Consciousness Studies 2012, nos. 1–2 (2012): 194–214.
http://www.ingentaconnect.com/content/imp/jcs/2012/00000019/F00200 01/art00014.
23- Yudkowsky, Eliezer. "The Hidden Complexity of Wishes." LessWrong (blog), November 24, 2007.
http://lesswrong.com/lw/ld/the_hidden_complexity_of_wishes/.

www.ingramcontent.com/pod-product-compliance
Lightning Source LLC
Chambersburg PA
CBHW070332190526
45169CB00005B/1855
9781533283917